미분적분학 II

석용징 지음

KYOWOO

머리말

미·적분 교과는 이·공계 대학신입생에게 필수적으로 전통적인 대학수학이다. 그러나 미적분은 방대한 수학적 표현과 배경 개념들(특히, 물리)을 다수 포함한다는 사실을 인식하면, 대학 1학년에게는 그 **지식의 갭** gap이 크다. 따라서 교수학습 기술이 요구되는 특별한 과목이다.

미적분을 배우거나 가르치는 모두에게 미적분 교과의 방향이 왜곡되는 경향을 피할 수 있기를 바라면서, 시중 미적분 교재의 일반적인 교수학적 문제점을 다음과 같이 정리해 볼 수 있다.

- 수학 전공의 기초체계로서 보다 더 엄밀하게 다루고자 하는 **수학적 형식주의 경향**
- **배경(응용) 개념**과 그 수학 표현에 대한 **해설 부족에 따른 지식의 갭** gap

따라서 다음과 같은 원칙에 따라 미적분의 교재를 구성하고자 한다.

- 수학의 전공의 기초개념과 그 형식적 표현법은 적절하게 자제한다.
  한편 정의－정리－증명 순의 형식적 수학 강의는 지양하기로 한다.

- 물리 등 바탕이 되는 응용 개념과 이에 관련되는 수학적 표현에 대한 해설을 적절한 수준에서 다루기로 한다.

이러한 저자의 뜻을 미적분을 가르치거나 배우고자 하는 이들이 공감하기를 바란다. 미적분 교과의 효과적인 학습에 이 책의 작은 한 부분이라도 실질적인 도움이 되기를 바란다.

2017. 6

강원대학교 사범대학 수학교육과 교수 석 용 징

그리스 문자표

$A\ \alpha$	Alpha (알파)	$N\ \nu$	Nu (뉴)
$B\ \beta$	Beta (베타)	$\Xi\ \xi$	Xi (크시)
$\Gamma\ \gamma$	Gamma (감마)	$O\ o$	Omicron (오미크론)
$\Delta\ \delta$	Delta (델타)	$\Pi\ \pi$	Pi (파이)
$E\ \epsilon$	Epsilon (엡실론)	$P\ \rho$	Rho (로우)
$Z\ \zeta$	Zeta (제타)	$\Sigma\ \sigma$	Sigma (시그마)
$H\ \eta$	Eta (에타)	$T\ \tau$	Tau (타우)
$\Theta\ \theta$	Theta (세타)	$\Upsilon\ \upsilon$	Upsilon (웁실론)
$I\ \iota$	Iota (이오타)	$\Phi\ \phi$	Phi (파이)
$K\ \kappa$	Kappa (카파)	$X\ \chi$	Chi (카이)
$\Lambda\ \lambda$	Lambda (람다)	$\Psi\ \psi$	Psi (프사이)
$M\ \mu$	Mu (뮤)	$\Omega\ \omega$	Omega (오메가)

차 례

제 2 부 다변수 미분

제 3 장 공간 곡선 / 48

제 4 장 다변수 함수 미분 / 65

제 3 부 다변수 적분

제 5 장 중적분 / 106

교수-학습에 대하여

1. 〈미적분 Ⅱ〉는 수강생의 수준을 고려하여 진행한다.

미적분 Ⅱ는 **다변수 미·적분** calculus in several variables을 새롭게 소개하고, 특히 끝부분 **벡터해석** vector calculus에서는 물리 개념을 수반하는 수학 표현들이 다수 나타나게 되어 학생들에게는 **지식의 갭** gap이 크므로, 친절하게 해설하도록 한다.

2. 전개의 흐름을 놓치지 않는 수준으로 다룬다.

강의자는 다룰만한 가치가 있는 증명, 계산, 개념 해설에 관심을 갖고 진행한다. 너무 기술적인 정리의 논증, 또는 기계적인 계산 과정은 과감히 생략하여 개념의 흐름에 흥미를 갖도록 한다.

3. 수학과의 형식주의에 빠지지 않도록 주의하여 진행한다.

수학의 형식화에 빠지지 않도록 한다. 이를테면 함수, 극한, 연속성 등의 수학적 기호와 형식화에 치중해서는 안 된다. 또, 정의-정리-증명 식의 전통적 수학 강의 방식을 지양한다.

제1부

다변수 함수

Chapter 01 벡 터

1. 공간 벡터

공간좌표를 도입하려면 $xy-$평면 위의 원점을 통과하고, 그 평면에 수직인 직선을 $z-$축으로 하는데 오른손법칙(Right Hand System, 오른 손의 두 번째 손가락의 방향을 $x-$축, 가운데 손가락의 방향을 $y-$축, 그리고 엄지손가락의 방향을 $z-$축으로 하는)에 따라 $xyz-$공간을 얻는다.

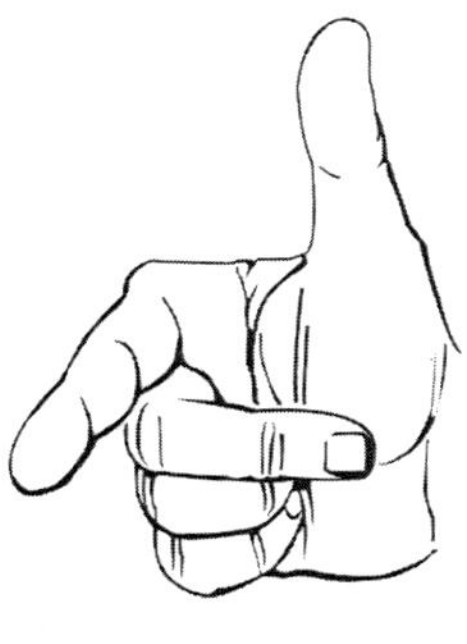

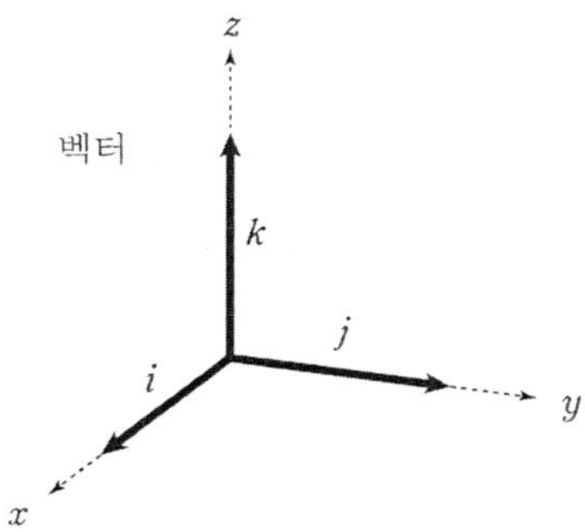

벡터의 개념을 살펴보자. 벡터를 화살표로 나타낼 수 있다. 벡터(a_1, a_2, a_3)는 임의의 시점 $Q(x, y, z)$에서 변위 (a_1, a_2, a_3)에 대해 종점 $R(x+a_1, y+a_2, z+a_3)$으로 향하는 화살표 모양으로 나타내고, 기호로 $\overrightarrow{QR}$로 나타낸다.

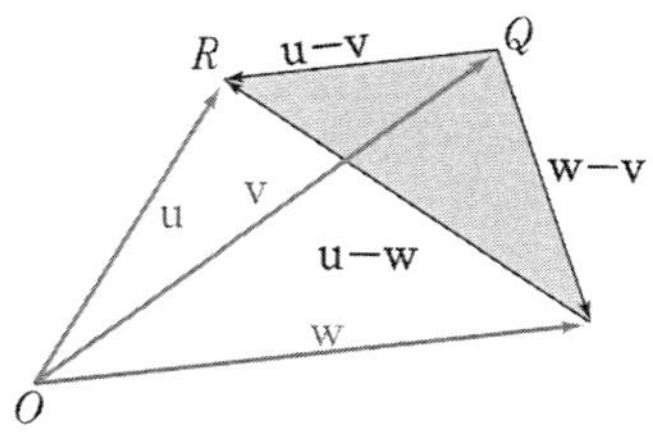

원점을 시점으로 잡아, $\overrightarrow{QR} = \overrightarrow{OR} - \overrightarrow{OQ}$로 나타낼 수 있다. 이것을 한 문자로 간단히 쓰면, 그림과 같다.

점 (x, y, z)에서 $x-$좌표를 a_1 만큼, $y-$좌표를 a_2 만큼, $z-$좌표를 a_3만큼 옮겨 얻은 새 점의 좌표는 $(x+a_1, y+a_2, z+a_3)$가 되며, 여기서 (a_1, a_2, a_3)는 변위

를 나타낸다.

원점으로부터 두 점을 잇는 두 벡터를 두 변으로 하여 만들어지는 평행사변형의 꼭지점의 좌표가 되며, 원점에서부터 이 점까지의 벡터로 생각할 수 있다.

또, 변위 (a_1, a_2, a_3)에 스칼라 α 곱을 한 변위$(\alpha a_1,\ \alpha a_2, \alpha a_3)$는 그림으로는 원점으로부 터 점 (a_1, a_2, a_3)을 잇는 벡터를 기본방향으로 α 배 만큼 같은 방향$(\alpha > 0)$ 또는 반대방향$(\alpha < 0)$으로 확대 또는 축소한 벡터를 생각할 수 있다.

따라서 $(x+\alpha a_1, y+\alpha a_2, z+\alpha a_3)$는 벡터$(a_1, a_2, a_3)$를 기본 방향으로 늘이거나 줄여 조정하여 얻은 벡터$(\alpha a_1,\ \alpha a_2, \alpha a_3)$가 벡터$(x, y, z)$와 만드는 평행사변형의 꼭지점의 좌표, 또는 원점으로부터의 벡터로 이해할 수 있다.

이와 같이 공간 R^3내의 변위를 나타내는 세 실수들의 순서쌍에 대한 연산에 따라 과학이나 공학에서 널리 쓰이는 개념인 벡터를 도입하자.

정 의

다음과 같이 합과 스칼라 곱이 정의된 세 실수의 순서쌍을 3차원 공간벡터라 한다.

$$(a_1, a_2, a_3) + (b_1, b_2, b_3) = (a_1 + b_1, a_2 + b_2, a_3 + b_3)$$

$$\alpha(a_1, a_2, a_3) = (\alpha a_1, \alpha a_2, \alpha a_3)$$

R^3는 3차원 **벡터공간** a vector space이다.[1] 벡터는 간단히 화살표 문자 $\vec{a}$ 나 대문자(굵은 글씨) A로 나타낸다. 기호 $\vec{O}$ 또는 O은 영벡터 $(0, 0, 0)$을 나타낸다.

정 의

벡터 A의 크기는 기호 $\| A \|$ 또는 간단히 $|A|$로 나타낸다. 즉,

$$\| A \| = \sqrt{a_1^2 + a_2^2 + a_3^2}$$

벡터의 **길이**(length)나 **크기**(magnitude)를 나타낸다.

1) **[벡터공간과 바탕]** 단원 참조.

정리 벡터의 크기[2)]

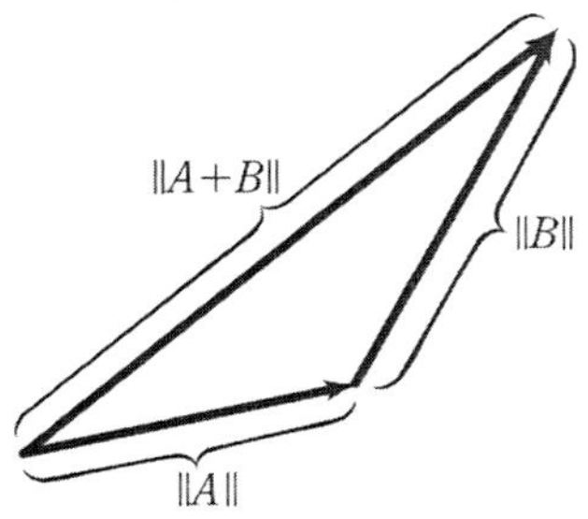

(1) $\| A \| \geq 0$,

$\| A \| = 0 \Leftrightarrow A = 0$

(2) $\| \alpha A \| = |\alpha| \, \| A \|$

(3) $\| A + B \| \leq \| A \| + \| B \|$

부등식 (3)은 **삼각부등식**(Triangle Inequality)이라 한다. 그림으로 나타내면 벡터 $A+B$는 벡터 A, B가 이루는 평행사변형의 빗변의 길이를 나타내므로 삼각형의 성질을 나타낸다. 쉬바르츠 Schwartz 부등식을 사용하는 증명은 단원 끝에 다루기로 한다.

정 의

$\| A \| = 1$인 벡터를 **단위벡터**(Unit Vector)라 한다.

즉, 기호 $\dfrac{A}{\| A \|}$ 는 $\left(\dfrac{1}{\| A \|}\right)A$로 $A-$방향의 단위벡터를 나타낸다.

왜냐하면 $\left\| \dfrac{A}{\| A \|} \right\| = \left|\dfrac{1}{\| A \|}\right| \, \| A \| = \dfrac{1}{\| A \|} \| A \| = 1$

R^3 **벡터의 내적**은 다음과 같이 정의한다.

정 의

두 벡터 $A = (a_1, a_2, a_3)$, $B = (b_1, b_2, b_3)$에 대하여

$$A \cdot B = a_1 b_1 + a_2 b_2 + a_3 b_3 = \sum_{i=1}^{3} a_i b_i$$

는 실수(스칼라)를 만드는 곱으로 **스칼라적**(scalar Product) 또는 **내적**(inner Product)이라 한다. A dot B로 읽는다. 내적을 **도트적**(dot Product)이라 하기도 한다.[3)]

2) 기호 ‖ · ‖ 를 **노옴**(Norm)이라 한다. [정리]는 크기(함수) 기본 성질로 일반화된 ‖ · ‖ 의 [정의]가 된다.

3) 내적은 공간벡터를 만드는 벡터적(vector Product)인 외적(outer Product) $A \times B$에 대비한 명칭이다.

정리

$$A\cdot A = \| A \|^2$$
$$A\cdot A \geq 0$$
$$A\cdot A = 0 \Leftrightarrow A = 0$$

증명 $A\cdot A = a_1^2 + a_2^2 + a_3^2 = \| A \|^2$

따라서 $A\cdot A \geq 0$

그리고 $A\cdot A = 0 \Leftrightarrow a_1 = a_2 = a_3 = 0$, 즉 $A = 0$

내적의 정의로부터 직접적인 결과로 다음을 얻는다.

정리

$A\cdot B = B\cdot A$(교환법칙)

$\alpha(A\cdot B) = (\alpha A)\cdot B = A\cdot(\alpha B)$(스칼라 곱의 배분법칙)

$A\cdot(B+C) = A\cdot B + A\cdot C$(배분법칙)

정리 공간벡터 A, B의 사잇각이 θ일 때

$$A\cdot B = \| A \| \| B \| \cos\theta$$

증명 **삼각형 코싸인 법칙**에 따라

$$\| A - B \|^2 = \| A \|^2 + \| B \|^2 - 2 \| A \| \| B \| \cos\theta$$

그런데 (좌변)은 $\| A - B \|^2 = (A - B)\cdot(A - B)$

$$= A\cdot A - 2A\cdot B + B\cdot B$$
$$= \| A \|^2 - 2A\cdot B + \| B \|^2$$

정리하면, 결과를 얻는다.

이 책에서는 쉬바르츠 Schwartz 부등식을 앞 정리의 직접 결과로 이해하기로 한다. 뒤에서 **정사영 개념을 이용한 해설**을 하기로 한다.

정리 Schwartz 부등식[4)]

공간벡터 A, B에 대하여

$$|A \cdot B| \le \|A\| \ \|B\|$$

증명 $A \cdot B = \|A\| \ \|B\| \cos\theta$에서 $|\cos\theta| \le 1$

이제 쉬바르츠 부등식을 이용하여 맨 앞 정리 (3)에 소개한 [삼각부등식]을 증명할 수 있다. 흐름을 끊지 않도록 단원의 마무리에서 증명하기로 한다. 쉬바르츠 부등식으로부터

$$-\|A\| \ \|B\| \le A \cdot B \le \|A\| \ \|B\|$$

$A \cdot B$의 범위

내적의 최댓값은 $\theta = 0$, 즉 A, B가 같은 방향일 때이며

내적의 최솟값은 $\theta = \pi$일 때, 즉 A, B가 반대 방향일 때이다.

특히 $\theta = \frac{\pi}{2}$일 때, 즉 A, B가 수직일 때, $A \cdot B = 0$

정의

두 벡터가 수직으로(perpendicular) 만날 때, 직교한다(orthogonal)고 하며, 기호로 $A \perp B$로 나타내며 "A $perp$ B"로 읽는다.

예제

$A \cdot B = 0$일 때

(1) 두 벡터 중 하나는 영벡터, 아니면 (2) 직교

예제

$A = (1, 1)$일 때 $\{X \mid A \cdot X \ge 0\}$인 영역

4) **코시 부등식** 또는 코시-쉬바르츠 부등식이라도 한다.

풀이 영역내의 벡터 X는 벡터 A와 이루는 각이 $-\frac{\pi}{2} \le \theta \le \frac{\pi}{2}$ 이어야 하므로 벡터 A를 수직으로 하는 평면 위의 점 집합이다.

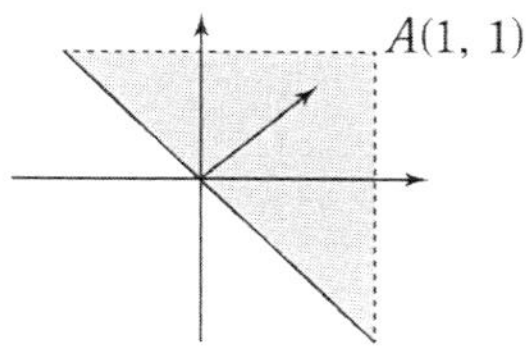

정사영(벡터) Orthogonal projection

벡터 A의 벡터 B 로의 정사영벡터는 αB 형태로 $(A-\alpha B) \perp B$ 이므로

$$(A-\alpha B)\cdot B = 0. \text{ 즉, } \alpha = \frac{A\cdot B}{B\cdot B}$$

이므로, 정사영벡터는

$$\left(\frac{A\cdot B}{B\cdot B}\right) B,$$

기호로 $Proj_B A$로 나타낸다.

양 또는 음의 실수값 $\alpha = \frac{A\cdot B}{B\cdot B}$를 벡터 A의 B 방향성분(Component of A along B)이라 한다.

정 의

$$Proj_B A = \left(\frac{A\cdot B}{B\cdot B}\right) B$$

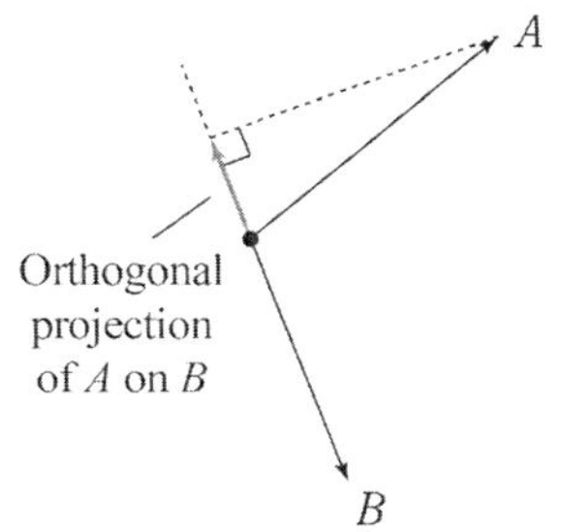

따라서 $\| B \| = 1$일 때는, $|A\cdot B| =$ (정사영 길이)

예 제

A의 **단위벡터** B로의 수선의 길이$= \| A - (A\cdot B)B \|$

한편 U가 단위벡터일 때, $|A \cdot U| = \| A \| |\cos\theta| \le \| A \|$ 로부터 다음을 얻는다.

도움 정리

A의 $U = \dfrac{B}{\| B \|}$(B 방향 단위벡터)에 대한 성분의 절댓값은 $\| A \|$ 보다 같거나 작다.

단원을 마무리하기 위하여 앞에서 소개한 삼각부등식을 쉬바르츠 부등식을 이용하여 증명을 하자. 우선, 정사영 벡터의 개념을 이용한 쉬바르츠 부등식의 기하적 해설은 다음과 같다.

쉬바르츠 부등식의 해설

$$|A \cdot \left(\frac{B}{\| B \|} \right)| \le \| A \|$$

로부터 양변에 $\| B \|$ 를 곱하면, 부등식을 얻는다. 특히, $\| B \| = 0$일 때는, 양변이 0으로 자명하다.

[삼각부등식]은 쉬바르츠 부등식의 결과임을 알 수 있다.

정리 삼각부등식

$$\| A + B \| \le \| A \| + \| B \|$$

삼각부등식 증명

$$\begin{aligned} \| A + B \|^2 &= (A+B) \cdot (A+B) \\ &= \| A \|^2 + 2A \cdot B + \| B \|^2 \\ &\le \| A \|^2 + 2\| A \| \| B \| + \| B \|^2 = (\| A \| + \| B \|)^2 \end{aligned}$$

연습문제

• 공간 벡터

1. $A=3i-j+k$, $B=2i+3j-k$일 때 $2A-B$ 단위벡터를 구하라.

해답 $\frac{1}{5\sqrt{2}}(4i-5j+3k)$

2. $A=j-2i+k$, $B=4i-3j+k$ 일 때 A의 B방향성분을 구하고, 사영벡터 $Proj_B A$를 구하라.

해답 $-\frac{5}{13}\sqrt{26}$, $-\frac{5}{13}(4i-3j+k)$

3. 두 벡터 $xi+j+k$, $i+xj+k$의 사이각이 $\frac{\pi}{3}$가 되는 x를 구하라.

해답 $x=0$, $x=4$

4. 벡터 A, B가 수직이면 다음을 보여라.

$$(A+B)^2 = \| A \|^2 + \| B \|^2$$

5. 삼각부등식을 이용하여 벡터 A, B에 대해서 다음을 보여라

$$| \| A \| - \| B \| | \le \| A-B \|$$

6. $a \perp b$, $a \perp c$이면 $a \perp (\alpha a + \beta b)$임을 보여라(단, α, β는 임의의 실수).

7. b가 $\vec{0}$가 아닐 때, 임의의 벡터a는 $a=b^{\parallel}+b^{\perp}$로 나타남을 보여라.
(여기서 $b^{\parallel}$: b에 평행한 벡터, $b^{\perp}$: b에 수직인 벡터)

8. 쉬바르츠 부등식에 대하여 다음에 답하여라.

(1) 쉬바르츠(Schwarz) 부등식을 이차식 $q(t) = \| A+tB \|^2 \ge 0$의 판별식을 이용하여 증명하라.

(2) R^n에서의 쉬바르츠(Schwarz) 부등식은 다음 형태임을 보여라.

$$(\sum_{i=1}^{n} a_i b_i)^2 \leq \sum_{i=1}^{n} a_i^2 \sum_{i=1}^{n} b_i^2$$

9. (방향각) 임의의 공간벡터 $V = xi + yj + zk$ 가 $x-$축 양의 방향, 즉 i와 이루는 각을 α, j와의 사이각을 β, k와의 사이각을 γ라고 할 때

$$V = \| V \| (\cos\alpha\ i + \cos\beta\ j + \cos\gamma\ k).$$

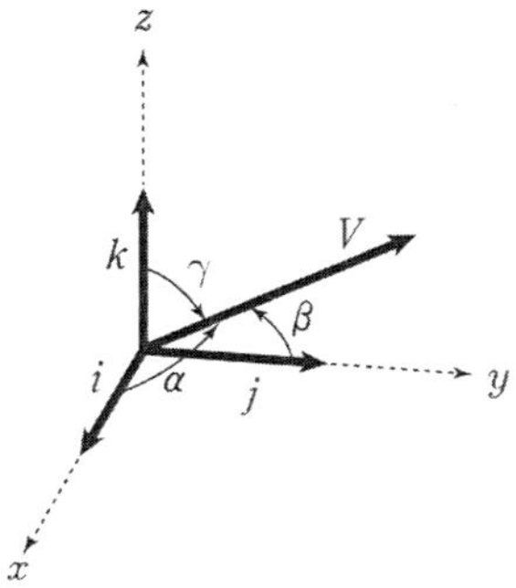

특히, 공간단위벡터는

$$U = \cos\alpha\ i + \cos\beta\ j + \cos\gamma\ k$$

로 나타낼 수 있음을 보여라. 또,

$$\cos\alpha = \frac{x}{\sqrt{x^2+y^2+z^2}},\ \cos\beta = \frac{y}{\sqrt{x^2+y^2+z^2}},\ \cos\gamma = \frac{z}{\sqrt{x^2+y^2+z^2}}$$

임을 보여라.

[참고] 좌표성분

$i = (1, 0, 0)$, $j = (0, 1, 0)$, $k = (0, 0, 1)$ 는 각각 $x, y, z-$ 축 방향의 단위벡터이다.

이제
$$A = (a_1, a_2, a_3) = a_1(1, 0, 0) + a_2(0, 1, 0) + a_3(0, 0, 1)$$
$$= a_1\ i + a_2\ j + a_3\ k$$

로 쓸 수 있다. 여기서 각 좌표는 내적으로

$$a_1 = A \cdot i$$

$$a_2 = A \cdot j$$
$$a_3 = A \cdot k$$

임을 알 수 있다. 즉, $A = (A \cdot i)i + (A \cdot j)j + (A \cdot k)k$

이 때 벡터 A가 각각 $x, y, z-$축과 이루는 각을 α, β, γ로 쓰면

$$a_1 = A \cdot i = \| A \| \cos \alpha$$
$$a_2 = A \cdot j = \| A \| \cos \beta,$$
$$a_3 = A \cdot k = \| A \| \cos \gamma$$

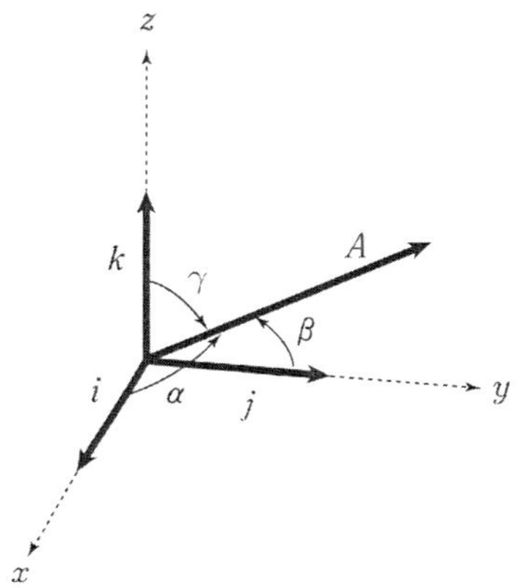

이므로

$$A = (a_1, a_2, a_3) = a_1 i + a_2 j + a_3 k$$
$$= \| A \| (i \cos \alpha + j \cos \beta + k \cos \gamma)$$

즉,

$$\frac{A}{\| A \|} = (\cos \alpha) i + (\cos \beta) j + (\cos \gamma) k$$

이므로 A방향 단위벡터의 또 다른 표현이다.

여기서 α, β, γ 을 벡터 A의 방향각이라 하고, $\cos \alpha, \cos \beta, \cos \gamma$ 를 벡터의 **방향코사인**들이라 한다. 그리고 그 순서쌍을 벡터의 방향이라 한다.

실제로, 벡터 A**방향 단위벡터**의 각 축 방향 성분이 방향코사인들이다.

$$\| A \| = \sqrt{a_1^2 + a_2^2 + a_3^2} = \sqrt{(\| A \| \cos \alpha)^2 + (\| A \| \cos \beta)^2 + (\| A \| \cos \gamma)^2}$$
$$= \| A \| \sqrt{(\cos \alpha)^2 + (\cos \beta)^2 + (\cos \gamma)^2}$$

이므로

$$\cos^2 \alpha + \cos^2 \beta + \cos^2 \gamma = 1$$

2. 벡터방정식(공간직선, 평면)

도형의 방정식을 벡터들의 등식으로 간단히 나타낸 것을 **벡터방정식**이라 한다. 여기서는 공간직선과 평면의 벡터방정식을 도입하고, 나중에 벡터의 미·적분법을 이용하여 간편하게 다룰 수 있음을 보인다.

공간직선(a line in R^3)

한 점 $P_0(x_0, y_0, z_0)$를 지나고, 방향이 벡터 $v=(a_1, a_2, a_3)$인 공간 직선상의 임의의 점을 $P(x, y, z)$라고 하면, $P=P_0+t\,v$로 간단히 나타난다.

$$l : P = P_0 + t\,v,\ \ t \in R$$

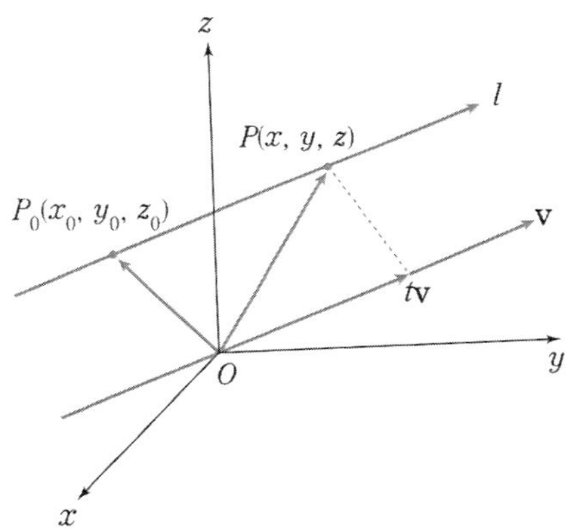

이것을 공간직선의 **벡터방정식**(Vector Equation)라 한다. 일반적으로, 공간곡선의 한 점에서 **접벡터**(Tangent Vector)를 구하여, 접선을 나타낼 수 있다. 이는 곡선의 미분에서 다루기로 한다.

직교좌표로 나타내면

$$x = x_0 + t\ a_1$$

$$y = y_0 + t\ a_2$$

$$z = z_0 + t\ a_3$$

로 **매개변수** t에 대한 **매개변수방정식**(Parametric Equation)이다.

공간직선의 방향과 지나는 점을 명시하기 위하여

$$\frac{x-x_0}{a_1}=\frac{y-y_0}{a_2}=\frac{z-z_0}{a_3} \quad (=t)$$

형태로 나타내는 것을 **대칭형**(Symmetric Form)이라 한다. 대칭형으로 나타내면 방향과 지나는 점을 쉽게 볼 수 있다.

평면(a plane in R^3)

한 점 $P_0(x_0, y_0, z_0)$를 지나고 $N=(a, b, c)$를 수직으로 하는 평면 위의 임의의 점 P에 대하여 그림에서

$$(P-P_0)\perp N$$

이므로 벡터 표현으로 간단히

$$(P-P_0)\cdot N=0$$

또는 $N\cdot P=P_0\cdot N$.

$$S:(P-P_0)\cdot N=0$$

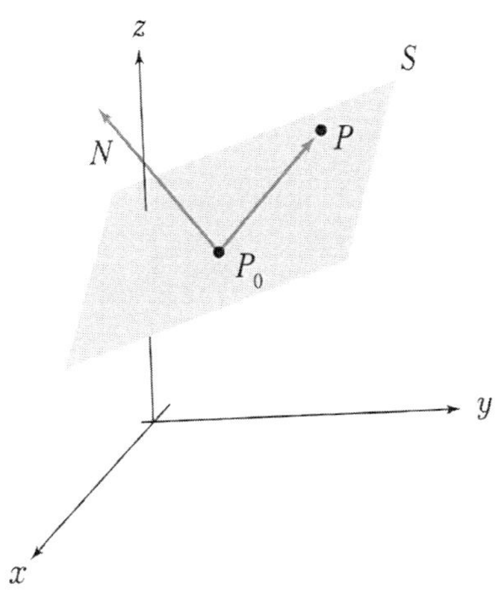

$$a(x-x_0)+b(y-y_0)+c(z-z_0)=0$$

계수의 순서쌍 $[a, b, c]$는 **법벡터**(Normal vector)를 나타낸다. 일반적으로, 곡면의 한 점에서 법벡터를 구할 수 있게 된다.

참고 평면(표준형)

$\| N \| = \sqrt{a^2+b^2+c^2}$ 으로 나누고, $ax_0+by_0+cz_0(=d)$로써 정리하면

$$\frac{a}{\sqrt{a^2+b^2+c^2}}x+\frac{b}{\sqrt{a^2+b^2+c^2}}y+\frac{c}{\sqrt{a^2+b^2+c^2}}z=\frac{d}{\sqrt{a^2+b^2+c^2}}$$

계수의 순서쌍

$$n=\frac{N}{\| N \|}=\left(\frac{a}{\sqrt{a^2+b^2+c^2}}, \frac{b}{\sqrt{a^2+b^2+c^2}}, \frac{c}{\sqrt{a^2+b^2+c^2}}\right)$$

으로 평면의 **수직**방향 **단위**벡터이고, (우변)은

$$\frac{d}{\sqrt{a^2+b^2+c^2}}$$

가 되는데, 그 절댓값은 **(원점과 평면 사이의 거리)**이다([예제] 해설 참조).

평면의 점, **단위 법벡터**, **원점과의 거리**를 동시에 표현하는 식이 되고, **표준형**이라 부른다(정사영의 방향 성분을 이용하면 다음을 알 수 있다).

예 제

$\frac{|d|}{\sqrt{a^2+b^2+c^2}}$ =**(원점과 평면 사이의 거리)**

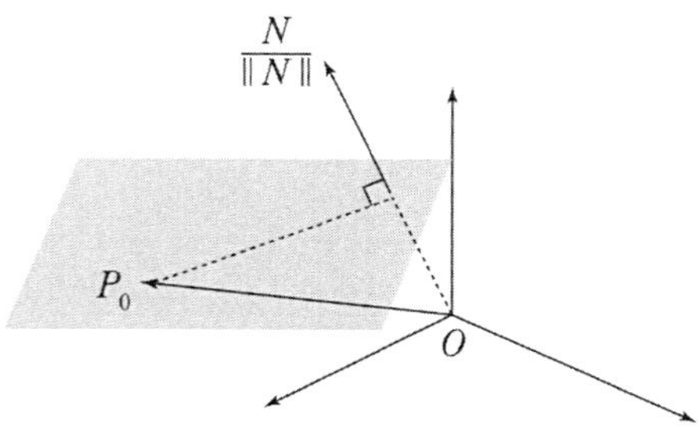

풀이 (원점과 평면 사이의 거리)=| $\overrightarrow{OP_0}$ 의 법선벡터 방향성분|

$$=\left| \overrightarrow{OP_0}\cdot\frac{N}{\| N \|} \right|$$

$$=\frac{|ax_0+by_0+cz_0|}{\sqrt{a^2+b^2+c^2}}=\frac{|d|}{\sqrt{a^2+b^2+c^2}}$$

예 제

두 평면 $2x-y+z=0$, $x+2y-z=1$이 이루는 각의 코싸인 값을 구하여 보자.

풀이 두 평면이 이루는 각은 각 평면에 수직인 두 벡터 $A=(2,-1,1)$, $B=(1,2,-1)$가 이루는 각이므로

$$\cos\theta = \frac{A\cdot B}{\|A\|\,\|B\|} = -\frac{1}{6}$$

예 제

$Q=(1,1,1)$, $P=(1,-1,2)$, $N=(1,2,3)$이라 할 때, P를 지나는 N 방향의 직선이 Q를 품고 N을 수직으로 하는 평면과의 교점을 구하여 보자.

풀이 직선의 매개변수 방정식은

$$X=P+tN,$$

평면의 방정식은

$$(X-Q)\cdot N=0$$

이므로 이 직선과 평면의 교점에 해당하는 t를 먼저 구한다.

$$(P+tN-Q)\cdot N=0,$$

$$\text{즉 } t=\frac{(Q-P)\cdot N}{N\cdot N}=\frac{1}{14}$$

따라서 구하는 교점은

$$(1,-1,2)+\frac{1}{14}(1,2,3)=\left(\frac{15}{14},-\frac{12}{14},\frac{31}{14}\right)$$

예 제

세 점 $P_1=(1,2,-1)$, $P_2=(-1,1,4)$, $P_3=(1,3,-2)$를 지나는 평면의 식을 구하라.

풀이 벡터 $\overrightarrow{P_1P_2}$, $\overrightarrow{P_1P_3}$ 에 수직인 벡터 N을 먼저 구한다. 즉

$$N\cdot(P_2-P_1)=0$$

$$N \cdot (P_3 - P_1) = 0$$

이어야 하므로 $N = (a, b, c)$로 쓰면,

$$-2a - b + 5c = 0,\ b - c = 0$$

로부터 $N = (2, 1, 1)$. 따라서 구하는 평면의 식은 $N \cdot X = N \cdot P_1$ 로부터

$$2x + y + z = 3$$

예 제

점 Q와 평면 $(X - P_0) \cdot N = 0$ 사잇거리

$$\frac{|(Q - P_0) \cdot N|}{\| N \|}$$

풀이 점 Q의 평면에 수선의 발을 Q'이라 쓰면 $\overrightarrow{QP_0}$의 $\overrightarrow{QQ'}$로의 정사영의 길이를 구하는 것이므로 $\overrightarrow{QP_0}$의 $\dfrac{N}{\| N \|}$로의 정사영을 길이를 구하면 된다.

예 제

점 $Q = (1, 3, 5)$로부터 $P_0 = (-1, 1, 7)$을 품고 $N = (-1, 1, -1)$에 수직인 평면까지 거리를 구하자.

풀이 $\| N \| = \sqrt{3}$, $(Q - P_0) \cdot N = 2$이므로 구하는 거리는 $\dfrac{2}{\sqrt{3}}$

연습문제

• 공간직선, 평면

1. 한 점 $(1, -1, 2)$를 지나고 벡터 $2i - 3j + k$에 평행한 직선의 방정식을 구하라.

해답 $r(t) = (1 + 2t)i - (1 + 3t)j + (2 + t)k$

2. 두 직선 $P(t)=(i-6j+2k)+t(i+2j+k)$, $P(t)=(4j+k)+t(2i+j+2k)$ 의 교점은 $(8,8,6)$임을 보이고, 교각은 $cos^{-1}\left(\frac{\sqrt{6}}{3}\right)$임을 보여라.

3. 평면 $3x-4y+12z+8=0$의 두 단위법선벡터를 구하라

해답 $\pm\frac{1}{13}(3i-4j+12k)$

4. 다음 조건을 만족하는 평면의 방정식을 구하라.

(1) 점 $(2,3,4)$를 지나고 벡터 $i-4j+3k$에 수직이다

(2) 점 $(2,1,1)$을 지나고 평면 $3x-2y+5z-2=0$에 평행이다.

해답 $3x-2y+5z=9$

5. 다음 벡터들이 같은 평면에 놓이는지 아닌지를 판단하라.

(1) i, $i-2j$, $3j+k$

(2) $i+j+k$, $2i-j$, $3i-j-k$

6. 두 평면 $2x-y+3z=5$, $5x+5y-z=1$의 사잇각을 구하라.

해답 $cos^{-1}\frac{2}{\sqrt{714}}$

7. (정사영벡터 이용) 정사영벡터를 이용하여 거리 공식을 유도하여라.

(1) 한 점 $P(x_0,y_0,z_0)$에서 공간직선까지의 거리공식

(2) 한 점$P(x_0,y_0,z_0)$에서 평면 $Ax+By+Cz=D$에 이르는 거리공식

• 점–직선–평면

8. 점 $(1,1,2)$와 $3x+y-5z=2$ 사잇거리를 구하라.

9. 점 $P=(1,3,5)$를 지나고 $A=(-2,1,1)$ 방향의 직선이 평면 $2x+3y-z=1$과의 교점을 구하라.

해답 $\left(-4, \frac{11}{2}, \frac{15}{2}\right)$

10. 점 $P=(1,2,-1)$를 지나고 평면 $3x-4y+z=2$에 수직인 직선이 그 평면과의 교점을 구하라.

해답 $\left(\frac{25}{13}, \frac{10}{13}, -\frac{9}{13}\right)$

11. $Q=(1,-1,2)$, $P=(1,3,-2)$, $N=(1,2,2)$에 대하여 P를 지나는 N 방향 직선과 Q를 품고 N을 수직으로 하는 평면의 교점을 구하라.

해답 $(1,3,-2)$

12. 두 평면 $2x+4y-z=5$, $x-3y+2z=0$ 의 사잇각의 코싸인 값을 구하라.

3. 벡터의 외적

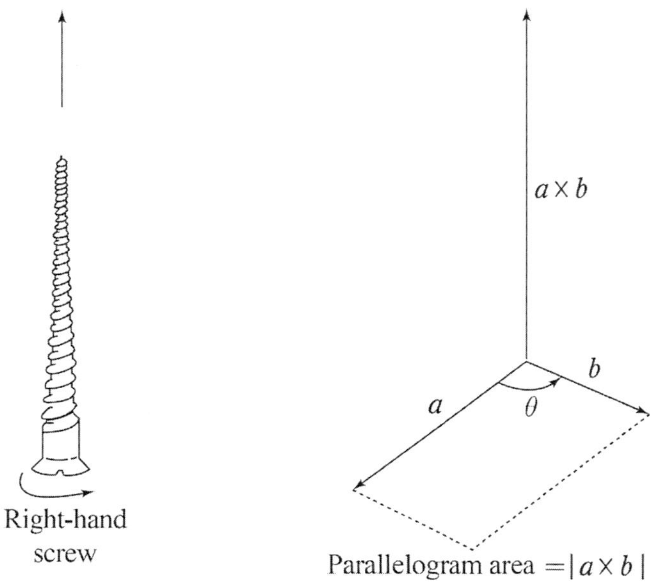

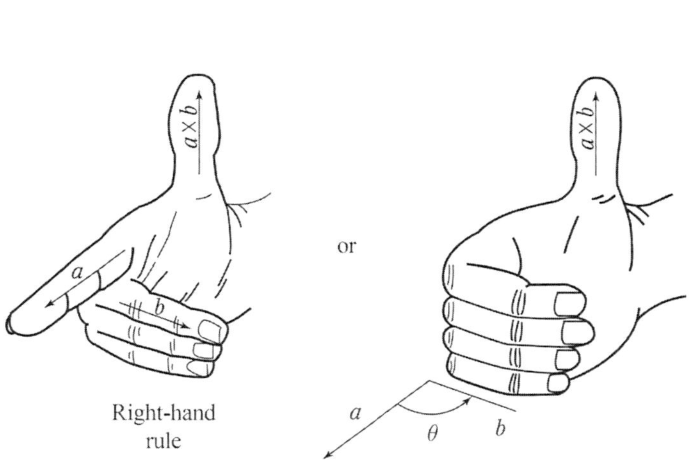

벡터의 외적은 다음과 같이 R^3 공간 벡터에 대하여 정의한다. 평면 벡터에 대해서는 공간 벡터로 보고 적용할 수 있다. 이를테면, $xi + yj$는 $xi + yj + 0k$로 보고 계산한다.

정 의

두 벡터 $A = a_1 i + a_2 j + a_3 k$, $B = b_1 i + b_2 j + b_3 k$에 대하여

$$A \times B = (a_2 b_3 - a_3 b_2) i + (a_3 b_1 - a_1 b_3) j + (a_1 b_2 - a_2 b_1) k$$

를 두 벡터의 **외적**(Outer Product)이라 한다.

외적은 내적에 대응한 명칭이며 A(Cross) B로 읽는다. ×(Cross) Product 또는 공간 벡터를 만든 곱이라 **벡터곱**(Vector Product)이라고도 한다.[5)]

행렬식을 표현을 이용하면, 외적의 기본적 성질을 쉽게 알 수 있다. 여기서는 편의상 3×3 행렬식에 대한 기본적 성질 몇 가지를 전제하기로 한다. **행렬식 determinant의 성질**에 대하여 **[부록]**을 참조한다.

---

5) 두 가지 벡터의 곱셈의 명칭은 다음과 같이 각각 대응하는 명칭을 갖는다.

$A \cdot B$	$A \times B$
내적	외적
스칼라적	벡터적
도트(·)적	크로스(×)적

예 제

행렬식으로 다음 형태로 쓸 수 있음을 보이자.

$$A\times B=\begin{vmatrix} i & j & k \\ a_1 & a_2 & a_3 \\ b_1 & b_2 & b_3 \end{vmatrix}$$

풀이 3×3 행렬식을 1행에 대한 소행렬식 전개로 구할 수 있어

$$A\times B= i\begin{vmatrix} a_2 & a_3 \\ b_2 & b_3 \end{vmatrix} - j\begin{vmatrix} a_1 & a_3 \\ b_1 & b_3 \end{vmatrix} + k\begin{vmatrix} a_1 & a_2 \\ b_1 & b_2 \end{vmatrix}$$

행렬식의 기본 성질들을 이용하면, 다음을 알 수 있다.

정리 외적의 기본 성질들

(1) $B\times A = -A\times B$

(2) $A\times A=\overrightarrow{O}$

(3) $\alpha A\times\beta B=\alpha\beta(A\times B)$

(4) $A\times(B+C)=A\times B+A\times C,\ (A+B)\times C=A\times C+B\times C$

증명 (1) 인접한 두 행이 바뀐 형태의 행렬식은 부호가 반대이다.

(2) $A\times A$를 행렬식으로 나타내면 2행과 3행이 같고, 두 행이 같은 행렬식은 0이다.

예 제

다음과 같이 나타낼 수 있음을 보이자.

$$(a\times b)\cdot c=\begin{vmatrix} a_1 & a_2 & a_3 \\ b_1 & b_2 & b_3 \\ c_1 & c_2 & c_3 \end{vmatrix}.$$

풀이 $(a\times b)\cdot c=\left(\begin{vmatrix} a_2 & a_3 \\ b_2 & b_3 \end{vmatrix}i-\begin{vmatrix} a_1 & a_3 \\ b_1 & b_3 \end{vmatrix}j+\begin{vmatrix} a_1 & a_2 \\ b_1 & b_2 \end{vmatrix}k\right)\cdot(c_1i+c_2j+c_3k)$

$$=\begin{vmatrix} a_2 & a_3 \\ b_2 & b_3 \end{vmatrix}c_1-\begin{vmatrix} a_1 & a_3 \\ b_1 & b_3 \end{vmatrix}c_2+\begin{vmatrix} a_1 & a_2 \\ b_1 & b_2 \end{vmatrix}c_3$$

이므로, 이는 다음 **행렬식의 3행 소행렬식 전개**이다.

$$(a\times b)\cdot c = \begin{vmatrix} a_1 & a_2 & a_3 \\ b_1 & b_2 & b_3 \\ c_1 & c_2 & c_3 \end{vmatrix}.$$

(여기서 c를 첫 행에 쓰고, 그 1행 전개로 볼 수 있다.)

앞 예제풀이로부터 다음과 같이 정리할 수도 있다.

정리 삼중적과 행렬식

$C\cdot(A\times B)$는 각 행이 C, A, B 순서로 된 $3\times 3-$행렬식

정리

$$A\perp(A\times B),\ B\perp(A\times B)$$

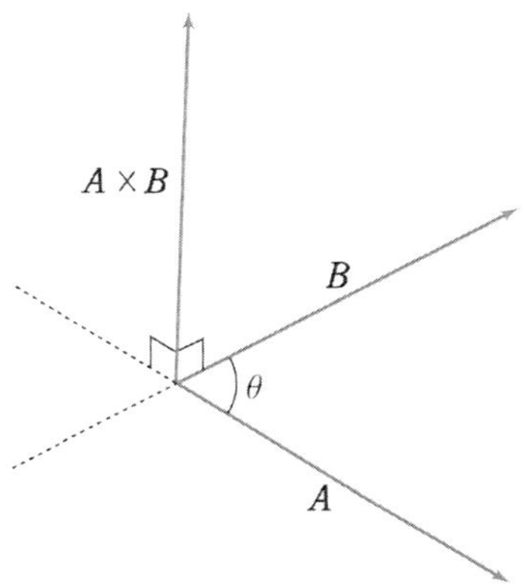

증명 $A\cdot A\times B$와 $B\cdot(A\times B)$ 두 행이 같은 형태의 행렬이고, 두 행이 같은 행렬식은 0

따라서 $A\times B\ (\neq \vec{0})$는 A, B 를 품는 평면에 수직인 벡터인데, A에서 B 방향으로 오른손을 감싸 쥘 때 엄지가 향하는 방향이 $A\times B$의 방향으로 되어 있어 **오른손 법칙**(Right Hand System)을 따른다고 한다. 따라서 오른손 법칙을 생각하면 $B\times A$는 그 반대 방향임을 알 수 있다.

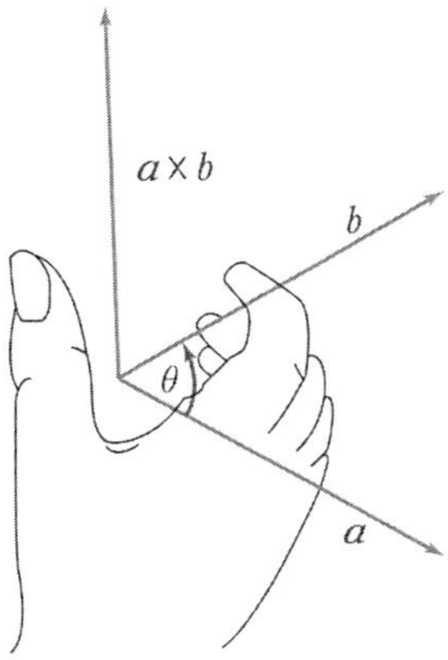

다음은 외적 정의의 직접적인 결과임을 알 수 있다.

정리 축 방향 단위벡터 i, j, k에 대하여

$$i\times j=k,\ \ j\times i=-k$$
$$j\times k=i,\ \ k\times j=-i$$
$$k\times i=j,\ \ i\times k=-j$$

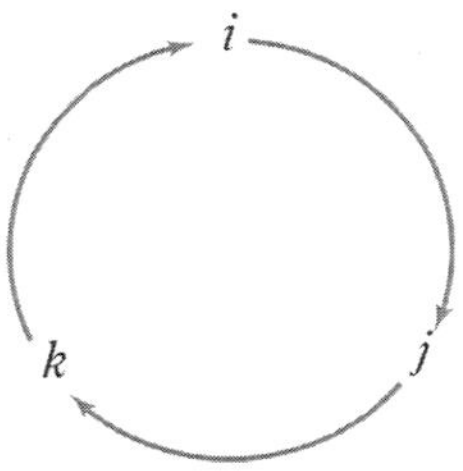

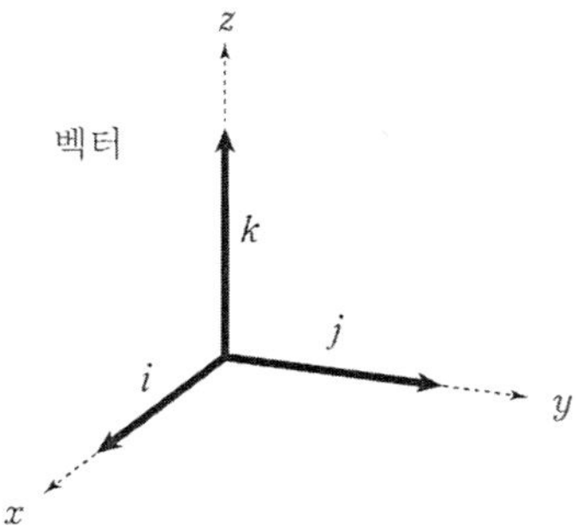

예 제

$$\begin{aligned}(i+j)\times(-2j+k) &= (i+j)\times(-2j)+(i+j)\times k\\ &= 2j\times(i+j)-k\times(i+j)\\ &= 2j\times i+2i\times j-k\times i-k\times j\\ &= -2k-j+i = i-j-2k\end{aligned}$$

앞의 정리들과 외적 정의로부터 다음은 직접적인 결과임을 알 수 있다.

따름 정리

$A \times B = \vec{0}$ 인 경우는 다음과 같다.

(1) 공간벡터 A, B 가 **평행**(같은 방향이거나 반대 방향)

또는

(2) 둘 중 하나가 $\vec{0}$

따름 정리

평행이 아닌 두 공간벡터 $A, B\ (\neq \vec{0})$를 품는
평면의 법선벡터는 $A \times B\ (\neq \vec{0})$

평면의 방정식을 구하려면 그 법선벡터를 알아야 하는데, 그 평면에 포함된 평행이 아닌 (일차독립) 두 벡터의 외적(벡터)을 사용하면 된다. 따라서 곡면의 한 점에서 접평면의 방정식을 구할 때 일차독립인 두 접벡터(tangent vector)의 외적(벡터)을 사용하면 된다.

예 제

세 점 $P(0,1,1)$, $Q(1,0,1)$, $R(1,1,0)$ 을 지나는 평면의 방정식을 나타내어라.

풀이 평면 위의 임의의 점 $X(x,y,z)$에 대해 $\overrightarrow{PX} = (x, y-1, z-1)$

평면내의 두 벡터 $\overrightarrow{PQ} = (1,-1,0)$, $\overrightarrow{PR} = (1,0,-1)$에 대하여

$$\overrightarrow{PQ} \times \overrightarrow{PR} = (1,1,1)$$

$\overrightarrow{PX} \perp (\overrightarrow{PQ} \times \overrightarrow{PR})$이므로 구하는 평면은

$$1 \cdot x + 1 \cdot (y-1) + 1 \cdot (z-1) = 0$$

즉,
$$x + y + z = 2$$

삼중적 Triple product

- 벡터의 두 가지 곱셈 $A \cdot (B \times C)$와 $A \times (B \times C)$에 대하여 알아본다.[6]

6) 전자는 스칼라를 나타내므로 **(스칼라)삼중적**이라 하고, 후자는 벡터를 나타내므로 **(벡터)삼중적**이라 한다.

- $A\cdot(B\times C)$는 3×3 행렬식으로 나타낼 수 있고, 평행육면체 부피를 나타내므로 행렬식과 부피를 관련시킬 수 있다.**(행렬식과 부피)**

삼중적(Triple product) $A\cdot(B\times C)$는 앞에서 3×3 행렬식으로 나타낼 수 있음을 알았다. 이제, 3×3 **행렬식**은 각 행(열)의 세 벡터가 이루는 (±평행육면체의 부피)임을 알아보자. 여기서 다음을 해석하여 보자.

- $\| B\times C \|$ 는 두 벡터가 이룬**(평행사변형 넓이)**
- $A\cdot(B\times C)$ 세 벡터가 이루는**(평행육면체의 부피의 ±)**

도움 정리

$$\| A\times B \|^2 = \| A \|^2 \| B \|^2 - (A\cdot B)^2$$

증명 성분으로 정리하면

$$\begin{aligned}\| A\times B \|^2 &= (a_1^2+a_2^2+a_3^2)(b_1^2+b_2^2+b_3^2)-(a_1b_1+a_2b_2+a_3b_3)^2\\ &= \| A \|^2 \| B \|^2 - (A\cdot B)^2\end{aligned}$$

정리

$$\| A\times B \| = \| A \| \, \| B \| \, \sin\theta$$

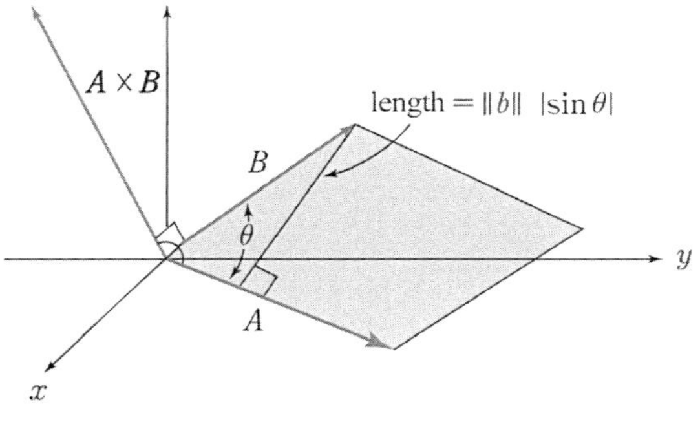

증명 앞 도움정리에서 $\| A\times B \|^2 = \| A \|^2 \| B \|^2 - (A\cdot B)^2$

$A \cdot B = \| A \| \ \| B \| \cos\theta$이므로

$$\| A \times B \|^2 = \| A \|^2 \| B \|^2 (1 - \cos^2\theta)$$

$\sin\theta \geq 0$이므로 결과를 얻는다.

$\| A \times B \|$ 는 앞의 그림에서 두 공간벡터 A, B가 이루는 평행사변형의 넓이이므로, 그것이 이루는 삼각형의 넓이는 $\frac{1}{2} \| A \times B \|$ 로 간단히 계산할 수 방법임을 알 수 있다.

따름 정리 두 공간벡터 A, B 가 이루는 삼각형의 넓이

$$\frac{1}{2} \| A \times B \|$$

예 제

세 점 $P = (1, 0, 0)$, $Q = (-1, 1, 0)$, $R = (1, 0, -1)$이 이루는 삼각형의 넓이를 구하라.

풀이 $\overrightarrow{PQ} = (-2, 1, 0)$, $\overrightarrow{PR} = (-2, -1, -1)$이 만드는 삼각형의 넓이

$$\frac{1}{2} \| \overrightarrow{PQ} \times \overrightarrow{PR} \| = \begin{vmatrix} i & j & k \\ -2 & 1 & 0 \\ -2 & -1 & -1 \end{vmatrix} \text{의 벡터 크기} \times \frac{1}{2}$$

$$= \frac{1}{2}\sqrt{0^2 + (-4)^2 + 4^2} = 2\sqrt{2}$$

단원을 마무리하기 위하여 앞의 내용을 정리하면 다음 정리를 얻는다.

정리 행렬식과 부피

(각 행이 A, B, C 인 3×3 행렬식)$=$ $\pm$ (A, B, C 가 이루는 평행육면체의 부피)

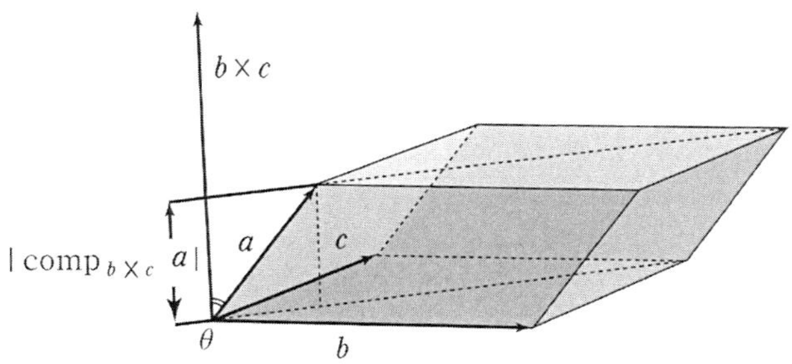

증명 행렬식과 외적의 정의로부터

(각 행이 A, B, C 인 3×3 행렬식) $= A\cdot B\times C$

로 쓸 수 있다. 한편, $A\cdot B\times C = \| B\times C\| \ \| A\| \cos\theta$.

따라서 [따름 정리]와 그림을 참고하면

(각 행이 A, B, C 인 3×3 행렬식)$=\ \pm$(A, B, C가 이루는 평행육면체의 부피)

다른풀이 벡터 A의 B, C가 이루는 평행사변형에의 **수선의 길이**는 벡터 A의 $B\times C$ 방향 단위벡터 $\dfrac{B\times C}{\| B\times C\|}$로의 **성분의 절댓값**

$$\left|A\cdot\frac{B\times C}{\| B\times C\|}\right| = \frac{1}{\| B\times C\|}|A\cdot B\times C|$$

여기에 $\| B\times C\|$ (B, C가 이루는 평행사변형의 넓이)를 곱한 $|A\cdot B\times C|$는 (A, B, C가 이루는 평행육면체의 부피)

두 번째 주제는 벡터의 삼중적(Triple Product) $A\times(B\times C)$에 대한 것으로 벡터 해석의 기본 공식은 다음과 같다.[7)]

정리 벡터의 삼중적

$$A\times(B\times C) = (A\cdot C)B-(A\cdot B)C$$

증명 **첫 번째 성분**만 비교하기로 한다. **스칼라 삼중적** 행렬식 표현법을 이용하면

$$i\cdot A\times(B\times C) = \begin{vmatrix} 1 & 0 & 0 \\ a_1 & a_2 & a_3 \\ \begin{vmatrix} b_2 & b_3 \\ c_2 & c_3\end{vmatrix} & -\begin{vmatrix} b_1 & b_3 \\ c_1 & c_3\end{vmatrix} & \begin{vmatrix} b_1 & b_2 \\ c_1 & c_2\end{vmatrix}\end{vmatrix}$$

$$= a_2(b_1c_2-b_2c_1)+a_3(b_1c_3-b_3c_1)$$

$$= b_1(a_1c_1+a_2c_2+a_3c_3)-c_1(a_1b_1+a_2b_2+a_3b_3)$$

$$= (A\cdot C)(i\cdot B)-(A\cdot B)(i\cdot C)$$

$$= i\cdot[(A\cdot C)B-(A\cdot B)C]$$

7) 우변의 $(A\cdot C)B-(A\cdot B)C$는 두 벡터 B, C의 일차결합이므로 B, C를 품는 평면의 벡터이다. 즉, $A\times(B\times C)$는 B, C를 품는 평면에 놓인 벡터이다.

괄호 밖 벡터 A를 기준으로 가까운 벡터 B, 먼 벡터 C에 대하여 다음의 형태로 기억하면 편리하다.

(삼중적)=(괄호 밖·먼 것) **가까운 것**−(괄호 밖·가까운 것) **먼 것**

[삼중적 공식 $a\times(b\times c)=(a\cdot c)\,b-(a\cdot b)\,c$ **해설]** $b\times c$는 b와 c에 수직이다. 한편, $a\times(b\times c)$는 a와 $b\times c$에 수직이다. 따라서 $a\times(b\times c)$ 는 b와 c를 품는 평면에 놓이게 된다. 즉, 적당한 실수 α,β가 존재하여

$$a\times(b\times c)=\alpha\,b+\beta\,c$$

로 쓸 수 있다. 따라서 양변에 a를 내적하면,

$$0=\alpha\;a\cdot b+\beta\;a\cdot c$$

즉,

$$\frac{\alpha}{a\cdot c}=-\frac{\beta}{a\cdot b}\,(=\lambda)$$

그러므로

$$a\times(b\times c)=\lambda\,(a\cdot c)\,b-\lambda(a\cdot b)\,c$$

의 형태가 됨을 알 수 있다(실제로 $\lambda=1$이다).

✎ 연습문제

• (벡터)외적

1. 다음을 계산하여라.

(1) $(2i+j)\cdot[(i-3j+k)\times(4i+k)]$ (2) $[(-2i+j-3k)\times i]\times(i+j)$

2. 벡터 $i+j,2i-k,3j+k$를 세 모서리로 하는 평행육면체의 부피를 구하라.

해답 25

3. $a \times b = a \times c$ 일 필요충분조건은 $a \,//\, (b-c)$임을 보여라.

4. $(A \times B) \times C = (C \cdot A)\, B - (C \cdot B) A$ 임을 보여라.

5. (벡터외적의 이용) 외적을 이용하여 다음에 답하여라.

세 점 $P(1,-1,2), Q(2,0,-1), R(0,2,1)$ 에 대하여

(1) 세 점이 만드는 삼각형의 넓이를 구하라. **(힌트)** $\overrightarrow{PQ}, \overrightarrow{PR}$

해답 $2\sqrt{6}$

(2) 세 점을 품는 평면에 수직인 단위벡터를 구하라.

(3) 세 점을 지나는 평면의 방정식을 구하라.

(4) 세 벡터 $\overrightarrow{OP}, \overrightarrow{OQ}, \overrightarrow{OR}$이 만든 평행육면체의 부피를 구하라.

해답 12

6. **(따름 정리)** 평면상의 두 벡터 $A, B \in R^2$ $A = (a_1, a_2)$, $B = (b_1, b_2)$가 이루는 평행사변형의 넓이는 $\begin{vmatrix} a_1 & a_2 \\ b_1 & b_2 \end{vmatrix}$의 절대값임을 보여라.

(힌트) 공간 내 벡터로 쓰고 외적 이용

4. 벡터공간과 바탕

정 의

벡터공간

벡터 $a, b, c \in V$, 스칼라 $\alpha, \beta \in F$ 에 대하여,

다음을 만족하는 집합 V를 (스칼라**체** F 상의)[8] **벡터공간**(Vector Space)이라 한다.

(1) $a + b \in V$

8) F는 Field(**체**)의 앞 글자. **[대수학]**에서 **체**는 덧셈, 곱셈에 대하여 어떤 연산 규칙을 만족하는 수 집합이

$$
\begin{aligned}
&a+(b+c)=(a+b)+c \\
&a+\vec{0}=a \\
&a+(-a)=\vec{0}
\end{aligned}
$$

(2) $\alpha a \in V$

$$
\begin{aligned}
&(\alpha+\beta)a=\alpha a+\beta b \\
&(\alpha\beta)a=\alpha(\beta a) \\
&\alpha(a+b)=\alpha a+\alpha b \\
&\alpha\vec{0}=\vec{0}
\end{aligned}
$$

이를테면, $R^2, R^3, \cdots, R^n$은 (실수체상의) 벡터공간이다. 우리는 주로 평면, 공간의 벡터를 다루게 되므로 벡터공간 R^2, R^3를 생각하기로 한다.

정의

(일차 결합) 3 개의 공간벡터 $v_1, v_2, v_3 \in R^3$가 주어지고 c_i가 스칼라일 때

$$c_1v_1+c_2v_2+c_3v_3$$

형태를 v_1, v_2, v_3의 **일차 결합**(a linear combination)이라고 한다.

예제

공간 R^3의 임의의 점 $P=(x,y,z)$을 $\{i, j, k\}$의 일차결합으로 나타내자.

풀이 $P=(x,0,0)+(0,y,0)+(0,0,z)$
$\quad = x(1,0,0)+y(0,1,0)+z(0,0,1)=xi+yj+zk$

즉, 공간 R^3의 임의의 점은 각 축의 단위벡터의 쌍 $\{i, j, k\}$의 일차결합으로 나타나므로

$\{i, j, k\}$가 R^3**를 생성한다**(spans R^3) $\cdots$ (1)

고 한다. 이 때,

다. 실수(집합) R은 체 a Field이고, $F(=R)$ 상의 V를 (실)벡터 공간이라 한다.

스칼라 x, y, z 는 **유일하게** 정하여진다. $\cdots$ (2)

이것을 벡터 P의 **좌표**(Coordinates)라 한다.

즉, 공간 R^3의 임의의 벡터는 $\{i, j, k\}$의 **유일한 일차결합으로 나타나므로** $\{i, j, k\}$를 공간 R^3의 **바탕** 또는 **기저**(a basis)라 한다. 일반적 정의는 정리를 통하여 하기로 한다.[9)]

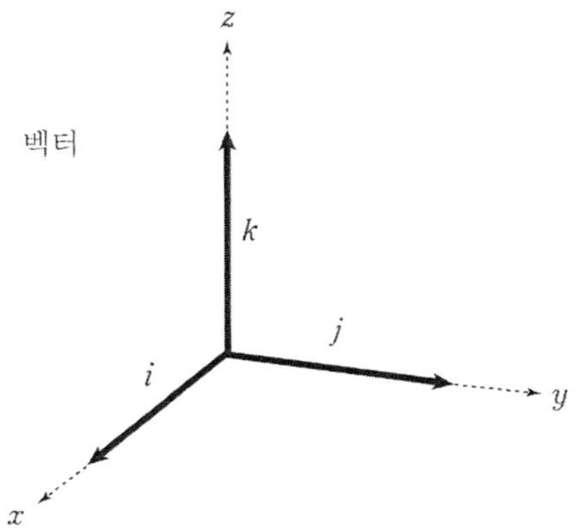

예 제

평면 R^2의 2개의 벡터

$$\left\{(1, 0), \left(\frac{1}{2}, \frac{1}{2}\right)\right\}$$

는 바탕임을 보이자.

풀이 $P = (a, b) \in R^2$를 $(a, b) = x(1, 0) + y\left(\frac{1}{2}, \frac{1}{2}\right)$로 쓰면

$$x + \frac{1}{2}y = a,\ \frac{1}{2}y = b,\ \text{즉}\ x = a - b, y = 2b$$

이므로

$$(a, b) = (a - b)(1, 0) + (2b)\left(\frac{1}{2}, \frac{1}{2}\right)^{10)}$$

9) 공간의 **표준바탕**(또는 **자연바탕**)이라 한다. $\{(1,0), (0,1)\}$은 평면 R^2의 표준바탕이다.

10) $(a-b, 2b)$는 $P=(a, b)$ 의 새로운 바탕 $\left\{(1,0), \left(\frac{1}{2}, \frac{1}{2}\right)\right\}$에 대한 좌표(Coordinates)이다. 특히, (a, b) 는 P의 표준바탕 $\{i, j\}$에 대한 좌표이다.

예 제

$$e_1 = (1,0,\cdots,0), \cdots, e_n = (0,0,\cdots,1)$$

은 R^n의 바탕임을 보이자.[11]

풀이 $X \in R^n$, $X = (x_1, x_2, \cdots, x_n) = x_1(1,0,\cdots,0) + x_2(0,1,\cdots,0) + \cdots + x_n(0,0,\cdots,1)$

이고, 여기서 $x_1, x_2, \cdots, x_n$ (벡터의 좌표)은 유일하게 나타난다.

이 책에서는 벡터 공간의 **바탕**을 다음과 같이 정의한다. R^n의 임의의 원소를 **유일한 일차결합**으로 나타내주기 때문이다. 흐름을 놓치지 않기 위해서 다음 정리의 증명은 단원 끝에 다룬다. 여기서 일차독립과 일차종속의 정의를 필요로 하게 된다.

정리 R^n의 바탕

벡터공간 R^n에 대해서

일차독립인 n**개의 벡터**의 모임

$\{v_1, v_2, \cdots, v_n\}$은 벡터공간 R^n의 **바탕**(a Basis)이다.

이를테면, 공간 R^3의 바탕은 **일차독립**인 **3개**의 벡터의 쌍으로 구성된다. 바탕이 되기 위한 조건인 일차독립의 정의를 다루기로 하자.

정 의

일차독립과 일차종속 세 벡터 $v_1, v_2, v_3 \in R^3$에 대하여

$$c_1v_1 + c_2v_2 + c_3v_3 = \vec{0} \text{ 이면 } c_1 = c_2 = c_3 = 0$$

일 때, **일차독립**(linearly independent)이라 한다.

그렇지 않으면, **일차종속**(linearly dependent)라 한다.

R^3 공간에서 **기하적 의미**

일차종속인 세 벡터 $v_1, v_2, v_3 \in R^3$는 정의에 따라

11) R^n의 **표준바탕**(또는 **자연바탕**)이라 한다.

적어도 하나는 0이 아닌 c_i가 있어 $c_1v_1 + c_2v_2 + c_3v_3 = \vec{0}$

편의상 $c_1 \neq 0$로 하면,

$$v_1 = -\left(\frac{c_2}{c_1}\right)v_2 - \left(\frac{c_3}{c_1}\right)v_3$$

즉, v_1은 v_2, v_3의 일차결합 형태이므로

- **일차종속**인 세 벡터 $v_1, v_2, v_3 \in R^3$는

(1) v_2, v_3가 평행인 경우, 모두 평행하게 된다. 또는

(2) v_2, v_3가 평행이 아닌 경우, v_2, v_3을 품는 평면에 놓여 있다.

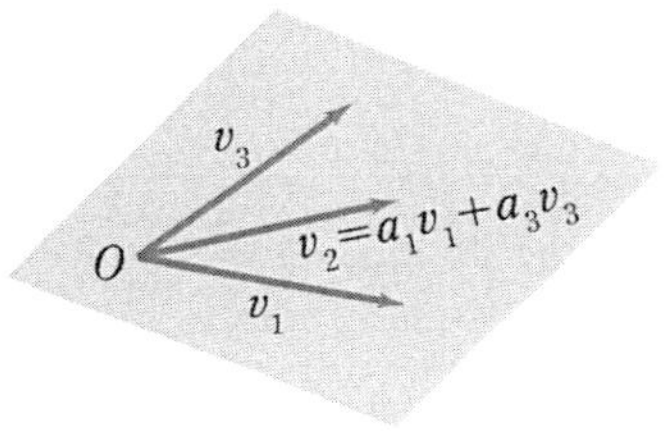

(a) Linearly dependent vectors in R³.

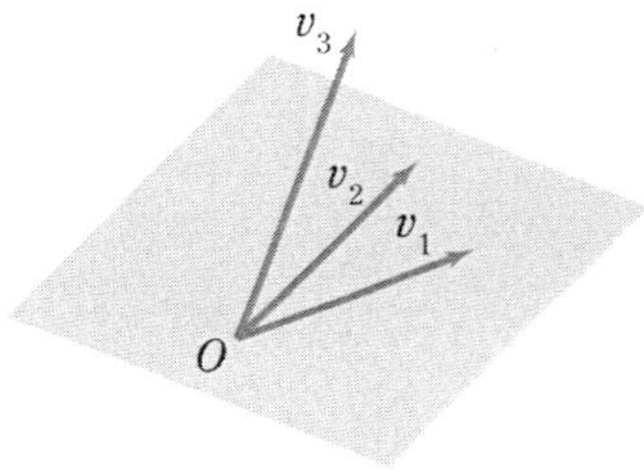

(b) Linearly independent vectors in R^3.

즉, R^3의 3개의 벡터가 일차종속이면 한 평면에 품긴다. 바꾸어 말하면, 한 평면에 품기지 않는 R^3의 3개의 벡터는 일차독립이다.

마찬가지로, 다음과 같이 말할 수 있다.

- 평면 R^2에 대해서는 평행이 아닌 두 벡터 $\{v_1, v_2\}$는 일차독립이다. 바꾸어 말하면, R^2의 평행인 두 벡터 $\{v_1, v_2\}$는 일차종속이다.

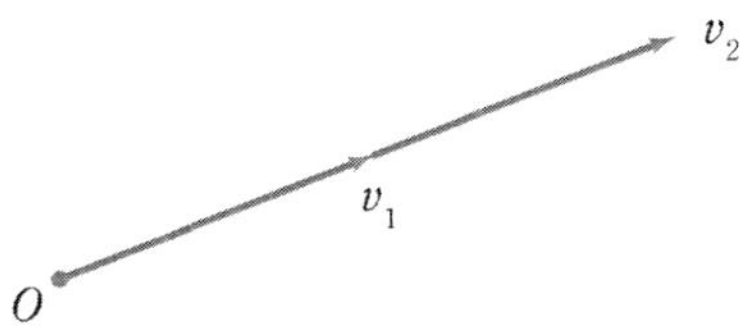

(a) Linearly dependent vectors in R^2.

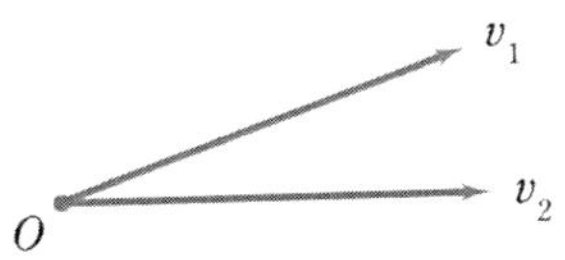

(b) Linearly independent vectors in R^2.

예 제

R^2에 대하여

$$\{(1,0), \left(\frac{1}{2}, \frac{1}{2}\right)\}$$

는 바탕이 됨을 보이자.

풀이 $(1,0), \left(\frac{1}{2}, \frac{1}{2}\right)$는 평행하지 않으므로 일차독립이다.

R^2의 2개의 **일차독립** 벡터이므로 바탕이다.

일차독립의 **대수적 표현**

정리

$v_1, v_2, v_3 \in R^3$가 일차독립일 필요충분조건은

$$v_1 \cdot (v_2 \times v_3) \neq 0$$

증명 $v_1, v_2, v_3 \in R^3$일 때 $v_1 \cdot (v_2 \times v_3)$의 절댓값은 세 벡터가 만든 평행육면체의 부피임을 안다. 따라서 세 벡터는 같은 평면에 품기지 않으므로, 일차독립이다.

삼중적 $v_1 \cdot (v_2 \times v_3)$은 3×3행렬식으로 나타나므로, 다음 판별식을 얻는다.

따름 정리 판별법

$v_1, v_2, v_3 \in R^3$ 세 벡터로 만든 행렬식의 값이 0이 아니면 일차독립이다.

예 제

세 벡터 $v_1 = (1,1,2)$, $v_2 = (1,0,1)$, $v_3 = (2,1,3)$이 R^3의 바탕인지 알아보자.

풀이 $\begin{vmatrix} 1 & 1 & 2 \\ 1 & 0 & 1 \\ 2 & 1 & 3 \end{vmatrix} = 0$이므로 일차종속, 따라서 R^3바탕이 아니다.

정의에 따른 풀이 $c_1 v_1 + c_2 v_2 + c_3 v_3 = \vec{0}$, 즉

$$\begin{aligned} c_1 + c_2 + 2c_3 &= 0, \\ c_1 \qquad + c_3 &= 0, \\ 2c_1 + c_2 + 3c_3 &= 0 \end{aligned}$$

을 풀면 $c_1 = c_2 = -c_3$ 로 $(c_1, c_2, c_3) = (1, 1, -1) \neq 0$ 로 선택할 수 있다. 즉, 3개의 벡터가 일차종속이다. 그런데, R^3의 바탕은 일차독립인 벡터가 3개가 필요하므로 바탕이 아니다.

일반적으로, 벡터공간 V 에 대하여 일차독립과 일차종속은 다음과 같이 정의한다.

정의

(일차독립, 일차종속) $n-$개의 벡터 $\{v_1, v_2, \cdots, v_n\}$에 대하여

$$c_1 v_1 + c_2 v_2 + \cdots + c_n v_n = 0 \Rightarrow c_1 = c_2 = \cdots = c_n = 0$$

일 때, $\{v_1, v_2, \cdots, v_n\}$을 **일차독립**이라고 한다.

그렇지 않으면, **일차종속**이라 한다.

예제

$e_1 = (1,0,\cdots,0), \cdots, e_n = (0,0,\cdots,1)$은 R^n의 바탕임을 보이자.

풀이 $c_1 e_1 + c_2 e_2 + \cdots + c_n e_n = \vec{0}$ 즉, $(c_1, c_2, \cdots, c_n) = \vec{0}$일 때

$c_1 = c_2 = \cdots = c_n = 0$이므로

R^n의 n개의 **일차독립**인 벡터이다.

정의

벡터공간 V의 바탕의 원소 개수를 V의 **차원**(dimension)이라 하고, 기호로 $\dim V$로 쓴다.[12)]

12) 벡터 공간의 바탕의 개수는 항상 일정하게 된다(논증은 선형대수 참조). 따라서 그 개수를 **차원**으로 정의한 것이다.

단원을 마무리하기 위하여 바탕에 대한 정리를 증명하기로 한다.

정리

$S=\{v_1, v_2, \cdots, v_n\}$가 $n-$차원 벡터공간 V의 바탕이면, V의 임의의 벡터는 S의 원소들의 **유일한 일차결합 표현**으로 나타난다.

증명 S는 바탕이므로 V를 생성한다. 즉, 임의의 $v \in V$는

$$v = c_1 v_1 + c_2 v_2 + \cdots + c_n v_n$$

형태로 나타난다. 그런데

$$v = d_1 v_1 + d_2 v_2 + \cdots + d_n v_n$$

으로 나타난다면,

$$(c_1 - d_1)v_1 + \cdots + (c_n - d_n)v_n = \vec{0}$$

그런데, 바탕 S는 일차독립이므로, $(c_1 - d_1) = \cdots = (c_n - d_n) = 0$[13)]

연습문제

• 벡터공간

1. R^5의 두 벡터의 사잇각을 각각 다음과 같음을 보이자.

(1) $(-1, 6, 4, -2, 3)$, $(0, -4, -3, 2, 5)$ $\theta = cos^{-1}\left(-\dfrac{25}{\sqrt{3564}}\right)$

(2) $(-1, 3, 4, 6, 2)$, $(4, 2, 1, 6, -21)$ $\theta = \dfrac{\pi}{2}$

2. R^3의 세 벡터가 v_1, v_2, v_3가 서로 수직이면 일차독립임을 보여라.

---

13) 유일한 계수의 쌍을 벡터 v의 바탕 s에 대한 **좌표**라 하고, 기호로 $[v]_s$.

3. R^3에서 영벡터가 아닌 세 개의 벡터가 일차종속이면 다음과 같음을 보여라.

(1) 세 벡터가 모두 평행하거나, 또는

(2) 한 벡터가 다른 두 개의 벡터가 만드는 평면에 놓인다.

4. R^3의 세 벡터가 v_1, v_2, v_3가 일차종속이기 위한 필요충분조건은 스칼라 삼중적 $v_1 \cdot (v_2 \times v_3) = 0$임을 보여라.

5. R^3의 세 개의 벡터의 일차독립 또는 일차종속을 판단하여라. 단, 행렬식을 이용하여 보여라.

(1) $8i + 6j,\ 2i - 4j,\ i + k$

해답 일차독립

(2) $-i + 3j - 2k,\ 4i + 6j - k,\ -8i - 2k$

해답 일차독립

6. 주어진 V는 벡터공간인지 보이고, S는 그 바탕인지 판정하여라.

(1) $V = R^3,\ S = \{2i,\ i + j,\ 2i - 3j + k\}$

(2) $V \subseteq R^3,\ V = \{2x - y + z = 0\}\ \ S = \{i + 2j,\ j + k\}$

(3) $V \subseteq R^2,\ V = \{y = 2x\}\ \ S = \{i + 2j\}$

Chapter 02 다변수 함수

$$z = \begin{cases} \dfrac{xy(x^2 - y^2)}{x^2 + y^2} & , (x, y) \neq (0, 0) \\ 0 & , (x, y) = (0, 0) \end{cases}$$

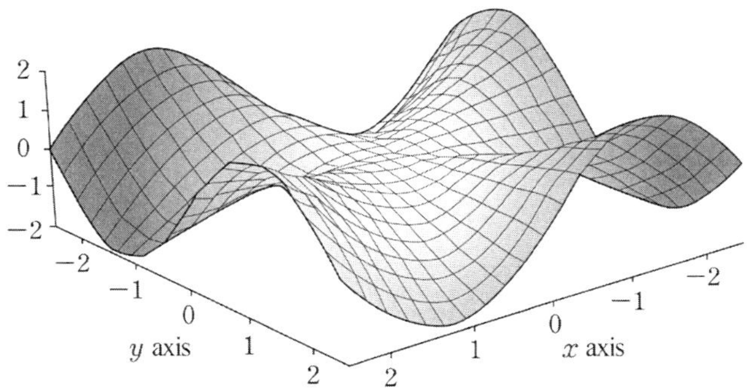

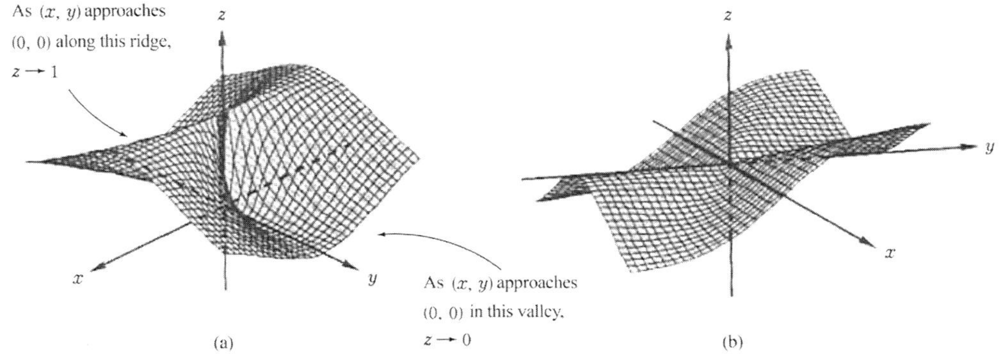

(a) (b)

(a) $z = \dfrac{x^2}{x^2 + y^2}$ (b) $z = \dfrac{2x^2 y}{x^2 + y^2}$

1. 다변수 함수

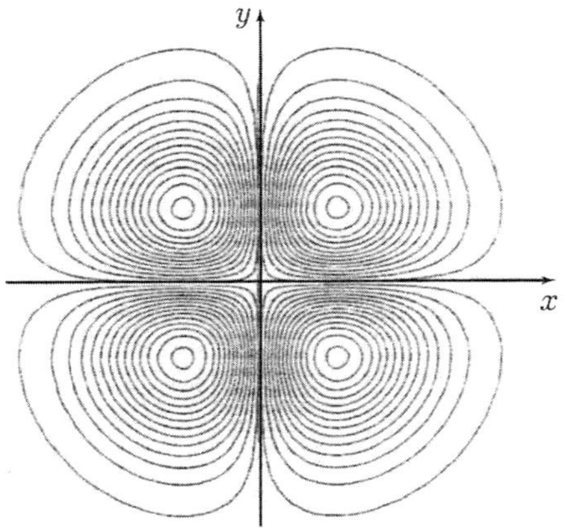

$f(x,y)=-xye^{-x^2-y^2}$의 등위곡선[15)]

정의역인 $D\subseteq R^2$인 이변수 함수 $z=f(x,y)$는 각 점 $(x,y)\in D$에 실수 $f(x,y)$를 대응시키는 관계를 의미한다. 이변수 함수 $z=f(x,y)$의 **그래프**는 공간 안의 점의 집합

$$\{(x,y,f(x,y))\in R^3\,|\,(x,y)\in D\}$$

이므로 이변수함수의 그래프는 공간 내의 **곡면**(a Surface)으로 나타난다.[14)]

마찬가지로 3차원 공간의 부분집합 $D\subseteq R^3$를 정의역으로 하는 3변수함수 $w=f(x,y,z)$는 각 점 $(x,y,z)\in D$ 에 실수 $f(x,y,z)$를 대응시키는 관계를 의미한다.

다변수함수의 적분에서는 함수의 그래프를 각 좌표평면에 사영한 **적분영역**을 명백히 하여야 한다. 따라서 다음 개념들을 이용하여 적분영역을 자세히 표기할 수 있다.

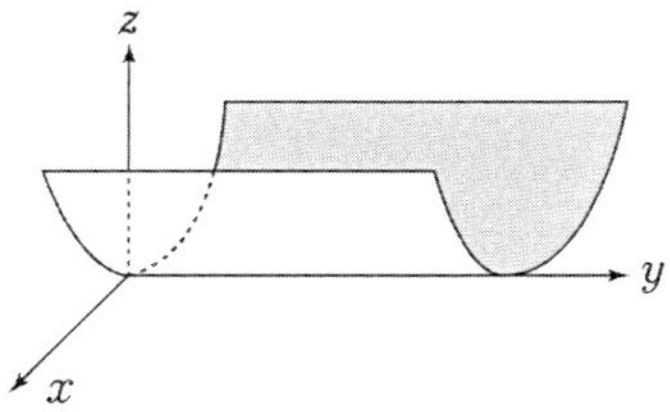

기둥면 $x^2+y^2=1$은 단순히 등위곡선 $f(x,y)=c$ 형태로 보면 하나의 원이나, 등위곡면 $f(x,y,z)=c$의 형태로 보아 $x^2+y^2+0\cdot z=1$로 쓰면 하나의 **원기둥면**을 나타낸다. 마찬가지로, $x^2-4y=0$은 **포물기둥면**, $x^2-y^2=1$은 **쌍곡기둥면**을 나타낸다. 다음 그림은 기둥면 $x^2-z=0$의 그래프곡면이다.

사영(Projection) 3차원 공간 안의 곡면 $S_1: z=f(x,y)$와 $S_2: z=g(x,y)$가 곡선 C에서 만난다고 하자. 곡선 C는 점집합 $\{(x,y,z)|\ f(x,y)=g(x,y)\}$이다. 이 때, $xy-$평면으로의 사영은 점집합 $\{(x,y,0)\,|\,f(x,y)=g(x,y)\}$이다. 이것을 곡선 C의 $xy-$평면에의 사영이라 한다.

---

14) $f(x,y,z)=c$ 형태의 **등위곡면**과 구별하기 위하여 편의상 앞으로는 $z=f(x,y)$ 형식으로 주어진 곡면을 **그래프 곡면**이라 부르기로 한다.(다음절 참조)

15) 다음 절 참조.

예 제

회전포물면 $z = x^2 + y^2$과 평면 $z = 2y + 3$이 곡선(절선) C로 만난다. 이 곡선의 $xy-$평면으로의 사영을 알아보자.

풀이 곡선 C의 $xy-$평면으로의 사영은

$$\{(x, y, 0) \mid \quad x^2 + y^2 = 2y + 3\}$$

즉, $x^2 + (y-1)^2 = 4$로 원이다.

다음은 다변수함수의 그래프에 관련된 용어들이다. 자세한 그래프를 위하여 필요한 것이다.

교적 (trace) : 그래프가 각 좌표평면과 만나는 곡선

절선 (section) : 곡면이 일반적인 평면들과 만나는 곡선들

절편 (intercept) : 그래프가 각 좌표축과 만난 점

대칭성 (symmetry) : 평면, 축, 한 점에 대한 대칭성들[16)]

예 제

$z = -(x^2 + y^2) + 1$의 그래프에 대하여 교선, 절편을 알아보자.

풀이 $z = -(x^2 + y^2) + 1$에 각각 다음과 같이 대입하면

$z = 0$로 두면, $xy-$평면과 교선 $x^2 + y^2 = 1$로 원[17)]

$y = 0$로 두면, $xz-$평면과의 교선 $z = -x^2 + 1$로 포물선

$x = 0,\ y = 0$로 두면, $z-$축의 절편은 1

$y = 0,\ z = 0$로 두면, $x-$축의 절편은 ± 1

예 제

$z = x^2 - y^2$의 그래프에 교적과 절선을 살펴보자.

16) 등위곡면 $f(x, y, z) = c$에 대하여 $f(-x, -y, -z) = c$이면, 원점 대칭인 두 점 $(\pm x, \pm y, \pm z)$이 모두 곡면에 놓이므로 등위곡면은 **원점에 대칭**임을 알 수 있다.

17) 여기서 $z = 0$는 $0 \cdot x + 0 \cdot y + 1 \cdot z = 0$, 즉 $xy-$평면이다.

풀이

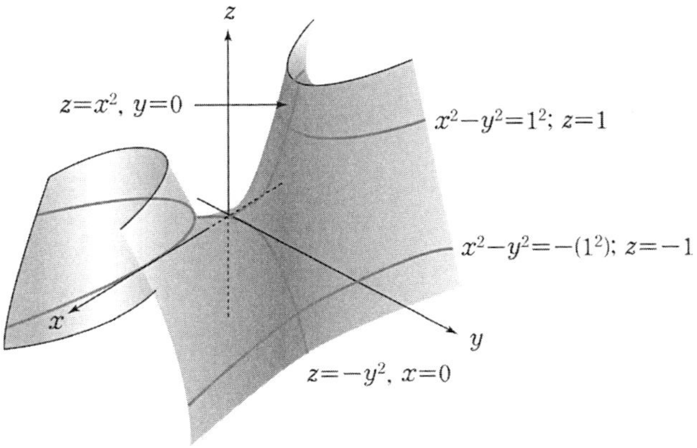

이차 곡면

이변수 극대·극소 판정에서 중요한 역할을 하는 2차동차식 부분의 표준형은 다음 3가지이다. 그 그래프 곡면은 각각 다음과 같다. 다변수함수의 테일러 전개와 극대극소 판정 단원에서 참고하라.

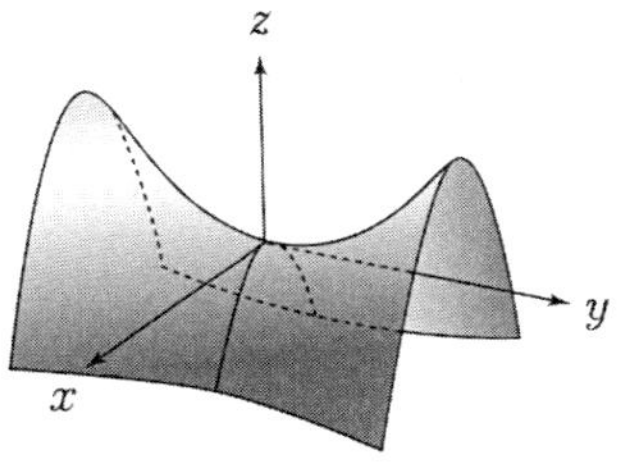

$q(x, y) = -x^2 + y^2$

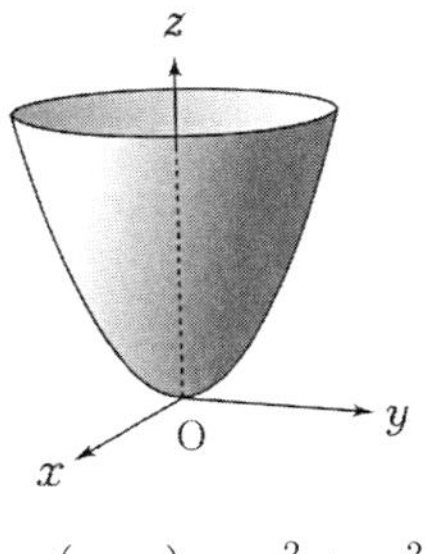

$q(x, y) = x^2 + y^2$

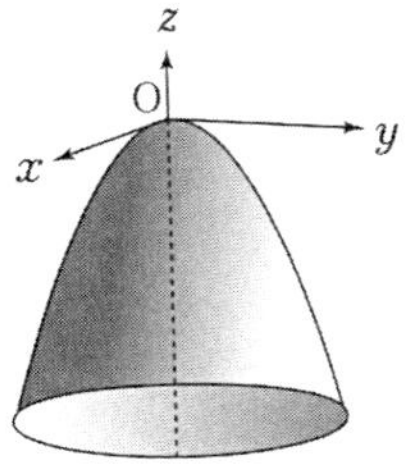

$q(x, y) = -x^2 - y^2$

2. 등위곡선과 등위곡면

세 변수 함수 $w = f(x, y, z)$의 그래프는 4차원 공간 안의 점의 집합

$$\{(x, y, z, f(x, y, z)) \in R^4 \mid (x, y, z) \in D\}$$

이므로 그래프로 나타낼 수 없다. 이 때 등위곡면(a level surface)이라는 개념을 사용하여 그 그래프의 절단면들을 생각하게 된다. “등위 집합”은 여러 가지 수학적 정리에 가장 기본

적인 개념이다.

정 의

세 변수 함수 $w=f(x,y,z)$에 대하여 함수 f의 $c-$**등위곡면**은

$$w=c\text{를 만족하는 점집합 } \{(x,y,z)\in R^3 \mid f(x,y,z)=c\}$$

로 주어지는 곡면이다.

주어진 값 $w=c$에 대한 점집합 $\{(x,y,z)\in R^3 \mid f(x,y,z)=c\}$는 하나의 곡면 형태로 나타나므로 **(등위)곡면**이라 한 것이다. 이를테면, $w=x^2+y^2+z^2$에 대하여 $w=9$인 등위곡면은 $x^2+y^2+z^2=3^2$으로 반지름 3인 구면이다. 또, $w=x+y+z-2$ 의 $0-$등위곡면은 $x+y+z=2$로 평면이다.

예 제

$f(x,y,z)=x^2+y^2+z^2$의 등위곡면들

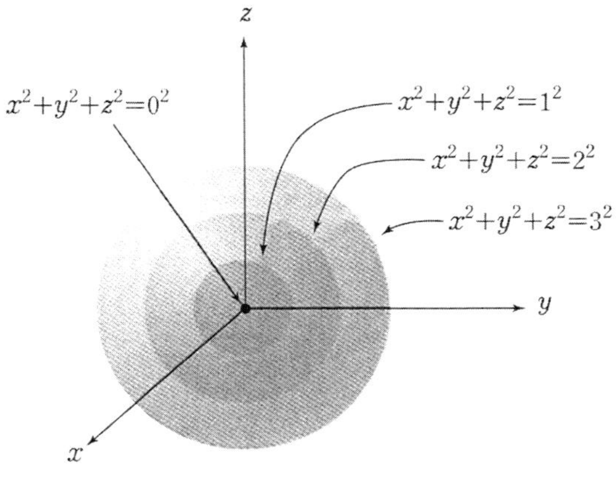

정 의

함수 $z=f(x,y)$에 대하여

$$z=c\text{인 점집합 } \{(x,y)\in R^2 \mid f(x,y)=c\}$$

를 함수 f의 $c-$**등위곡선**(a level curve)이라 한다.

주어진 값 $z=c$에 대한 점집합 $\{(x,y)\in R^2 \mid f(x,y)=c\}$는 하나의 곡선 형태로 나타난다. 이를테면, $z=x^2+y^2$에 대하여 $z=9$인 등위곡선은 $x^2+y^2=3^2$으로 반지름 3인 원이다.

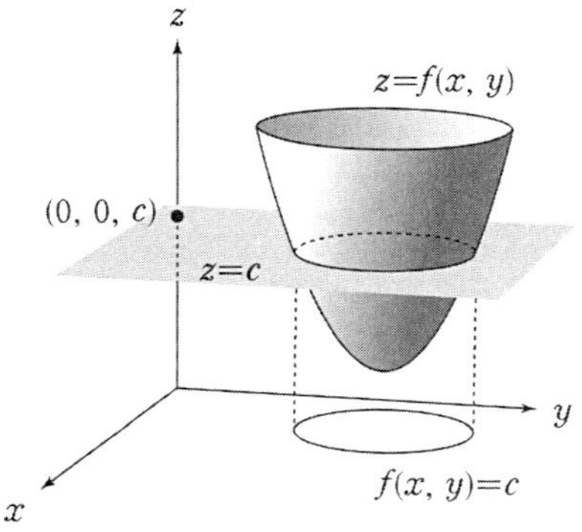

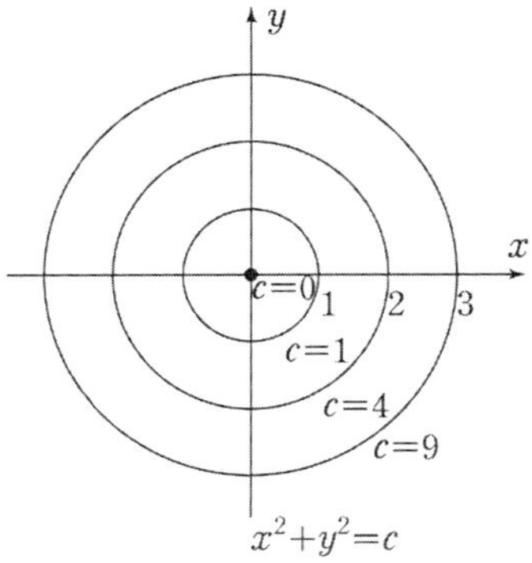

$f(x,y)=x^2-y^2$의 **그래프와 등위곡선**

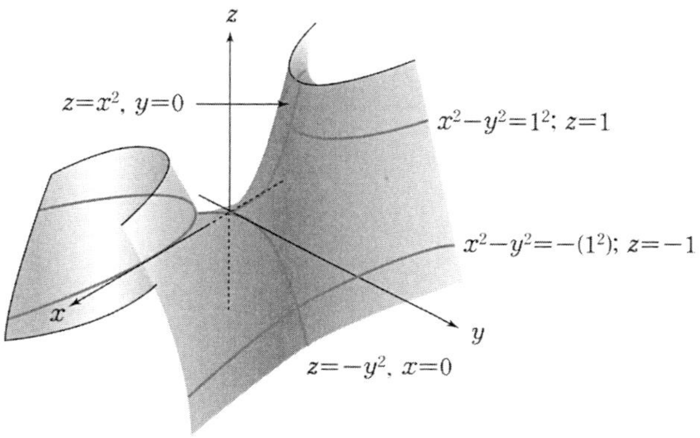

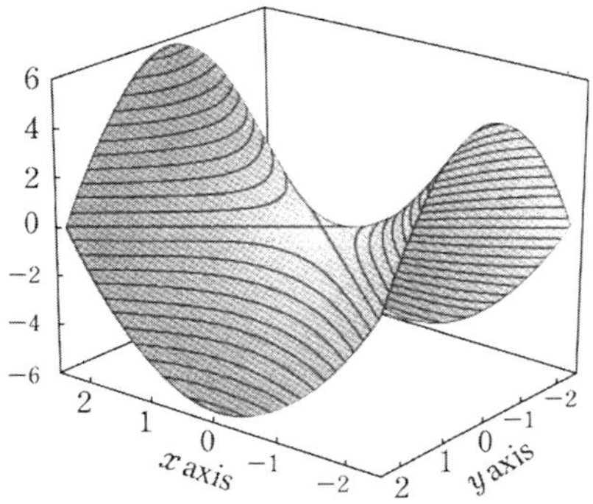

3. 다변수 함수의 극한과 연속

일변수 함수와 마찬가지로 다변수함수도 유사한 형태의 극한의 성질을 갖는다. 이것은 다변수함수의 극한(또는 연속성) 정의에 따라 수학적 논증을 할 수 있는 것인데, 여기서는 간단히 극한의 성질을 이용하여 보이기로 한다.

다변수 함수의 극한

정리 극한의 성질 Limits

함수 $f: D \subseteq R^n \to R$, $g: D \subseteq R^n \to R$ 에 대하여

(1) $\lim_{X \to X_0} f(X) = L$이면, $\lim_{X \to X_0} cf(X) = cL$

(2) $\lim_{X \to X_0} f(X) = L_1$, $\lim_{X \to X_0} g(X) = L_2$이면, $\lim_{X \to X_0} (f(X) + g(X)) = L_1 + L_2$

(3) $\lim_{X \to X_0} (f(X) \cdot g(X)) = L_1 \cdot L_2$

(4) $\lim_{X \to X_0} f(X) = L \neq 0$이면, $\lim_{X \to X_0} \frac{1}{f(X)} = \frac{1}{L}$

(5) $\lim_{X \to X_0} f(X) = L_1 \neq 0$, $\lim_{X \to X_0} g(X) = L_2$이면, $\lim_{X \to X_0} \frac{g(X)}{f(X)} = \frac{L_2}{L_1}$

예 제

함수 $f: R^2 \to R$, $(x, y) \mapsto (x^2 + y^2 + 2)$에 대하여 $\lim_{(x, y) \to (0, 1)} f(x, y)$를 구하자.

풀이

$$\lim_{(x, y) \to (0, 1)} f(x, y) = \lim_{(x, y) \to (0, 1)} x^2 + \lim_{(x, y) \to (0, 1)} y^2 + 2$$

$$= 0^2 + 1^2 + 2 = 3$$

다변수 함수의 연속성 Continuity

다변수 함수의 연속성 정의도 $\epsilon - \delta$ **정의**를 사용(**해석학 참조**)하지 않고 간단히 극한으로 나타내기로 한다.

정 의

(다변수 함수 연속성) 함수 $f: D \subseteq R^n \to R$가 $X_0 \in D$에서 연속일 필요충분조건은

$$\lim_{X \to X_0} f(X) = f(X_0)$$

그렇지 않으면 그 점에서 불연속이라 한다.

영역 D의 각 점에서 연속이면, 함수 f는 **연속함수** continuous function라 하고, 어느 한 점에서 불연속이면 **불연속함수**라 한다.

예 제

함수 $f: R^2 \to R$, $(x, y) \mapsto xy$는 연속함수임을 보이자.

풀이 $\lim_{(x,y)\to(x_0,y_0)} f(x,y) = (\lim_{(x,y)\to(x_0,y_0)} x)(\lim_{(x,y)\to(x_0,y_0)} y)$

$$= x_0 y_0 = f(x_0, y_0)$$

예 제

함수 $f: R^2 \to R$

$$f(x,y) = \begin{cases} 1 & , x \le 0 \text{ 또는 } y \le 0 \\ 0 & , x, y > 0 \end{cases}$$

는 원점, 양의 x축 상의 각 점, 그리고 양의 y축 상의 각 점에서 불연속임을 보이자.

풀이 x축 또는 y축을 따라 원점으로 가는 극한은

$$\lim_{(x,y)\to(0,0)} f(x,y) = \lim 1 = 1$$

그러나 일사분면 내의 경로를 따른(이를테면, 일사분면 내의 직선 $y = x$) 원점으로의 극한은 함수의 정의로부터 $\lim_{(x,y)\to(0,0)} f(x,y) = \lim 0 = 0$

즉, $\lim_{(x,y)\to(0,0)} f(x,y)$가 정의되지 않는다.[18)]

18) 양의 x축 상의 각 점, 양의 y축 상의 각 점에서도 마찬가지 방법으로 불연속임을 알 수 있다.

연습문제

• 다변수함수의 극한

1. $\lim_{(x,y)\to(0,0)} \dfrac{x^2}{\sqrt{x^2+y^2}} = 0$임을 보여라.

(힌트) $0 \le \dfrac{x^2}{\sqrt{x^2+y^2}} \le \dfrac{x^2+y^2}{\sqrt{x^2+y^2}}$

2. $\lim_{(x,y)\to(0,0)} \dfrac{2x^2y}{x^2+y^2} = 0$임을 보여라.

(힌트) $\left|\dfrac{2x^2y}{x^2+y^2}\right| \le \left|\dfrac{2x^2y}{x^2}\right|$

3. $\lim_{(x,y)\to(0,0)} \dfrac{x^2}{x^2+y^2}$는 정의되지 않음을 보여라.

(힌트) x축, y축을 따른 극한

4. $\lim_{(x,y)\to(0,0)} \dfrac{sin(x^2+y^2)}{x^2+y^2} = 1$임을 보여라.

5. **극한의 성질**을 이용하여 다음 함수들은 연속함수임을 보여라.

(1) $f(x,y) = x^2 + y$

(2) $f(x,y) = (x^2+y^2+z^2)^{30} + sin\,(z^2)$

memo

제2부

다변수 미분

Chapter 03 공간 곡선

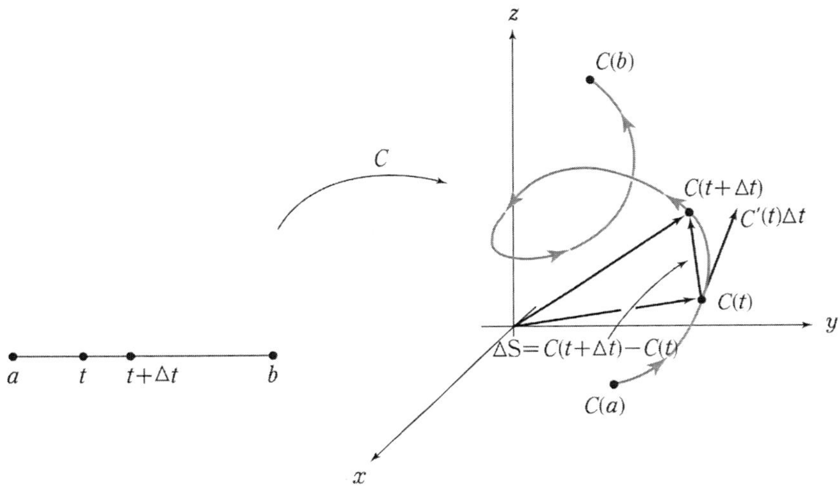

1. 벡터 함수

정 의

(공간곡선) 구간 $I(\subseteq R^1)$에서 정의된 함수 $C(t): I \to R^3$

$$C(t) = f_1(t)\,i + f_2(t)\,j + f_3(t)\,k,\ \ t \in I$$

를 **경로**(Path)라 하며, 그 상 C를(공간) **곡선**(Curve)이라 한다.

정의에서 각 $f_i(t): I \to R$ 을 (각 축 방향) **성분**(함수)(Component Function)라 하며, 경로는 벡터로 나타내므로 **벡터 함수**(Vector Function)라 한다. 일반적으로, 다변수 벡터

함수 $F: R^n \to R^m$을 생각할 수 있는데, 경로는 함수 $C: I(\subseteq R) \to R^m$ 즉, $n=1$인 벡터함수이다.

예 제

$$f(t) = (cos\ t)i + (sin\ t)j\ ,\ t \in [0, 2\pi]$$

(1) 함수를 동적개념인 변환으로 생각하면, 구간을 평면내(원점 둘레, 반 시계방향으로) 단위원으로의 변환으로 생각한다.

(2) 함수를 운동으로 생각하면 원점둘레, **반시계방향**으로 점 $(1, 0)$를 출발하여, 다시 제자리로 돌아오는 운동으로 생각한다.[1)]

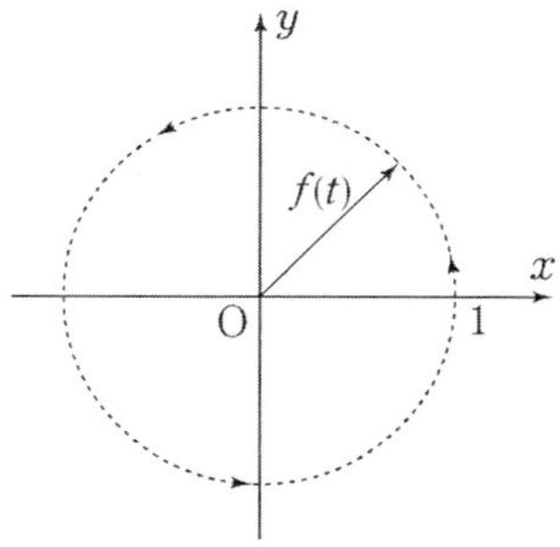

형식적으로

$$\lim_{t \to t_0} f(t) = f_1(t_0)\,i + f_2(t_0)\,j + f_3(t_0)\,k$$

이므로 다음을 알 수 있다.

정리 곡선의 연속성, 성분별 극한

벡터함수 $f(t) = f_1(t)\,i + f_2(t)j + f_3(t)\,k$ 가 연속함수일 필요충분조건은
각 성분함수 $f_i(t)$들이 모두 연속함수 continuous functions이다.
즉, 기호로

$$\lim_{t \to t_0} f(t) = f_1(t_0)\,i + f_2(t_0)\,j + f_3(t_0)\,k$$

1) 점 $f(0)$를 경로의 **시점**(initial point), $f(1)$은 경로의 **종점**(terminal point)이라 하며, $f(0) = f(1)$로 **닫힌 경로**(closed path)라 한다(선적분 단원 참조).

2. 벡터 함수의 미·적분

정리 성분별 미분

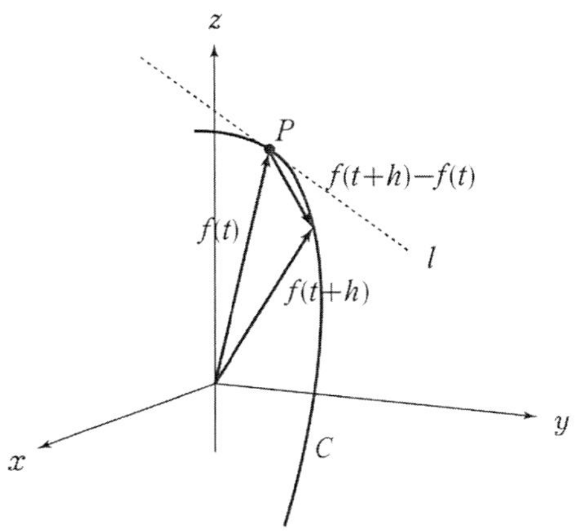

벡터함수 $f(t) = f_1(t)\,i + f_2(t)j + f_3(t)\,k$ 가 미분가능일 필요충분조건은 각 성분함수 $f_i(t)$들이 모두 미분가능 함수이다.

실제로,

$$f'(t) = f_1'(t)\ i + f_2'(t)\,j + f_3'(t)\,k$$

증명
$$\begin{aligned} f'(t) = \lim_{h\to 0}\frac{f(t+h)-f(t)}{h} &= i\left(\lim\frac{f_1(t+h)-f_1(t)}{h}\right) \\ &+ j\left(\lim\frac{f_2(t+h)-f_2(t)}{h}\right) \\ &+ k\left(\lim\frac{f_3(t+h)-f_3(t)}{h}\right) \\ &= f_1'(t)\ i + f_2'(t)\,j + f_3'(t)\,k \end{aligned}$$

정리 성분별 적분

벡터함수 $f(t) = f_1(t)\,i + f_2(t)j + f_3(t)\,k$가 적분가능 integrable일 필요충분조건은 각 성분함수 $f_i(t)$들이 모두 적분가능 함수들이다.

증명
$$\int_a^b f(t)dt = \left(\int_a^b f_1(t)\,dt\right)i + \left(\int_a^b f_2(t)\,dt\right)j + \left(\int_a^b f_3(t)\,dt\right)k$$

벡터함수의 미·적분 공식도 다음과 같이 일반 함수의 미적분과 같은 형태임을 알 수 있다. 벡터함수의 미·적분은 성분별이므로 다음과 같음을 알 수 있다. 정의에 따른 증명은 연습으로 남긴다.

정리 곡선의 미·적분 I

(1) $(f(t)+g(t))' = f'(t)+g'(t)$

(2) $(cf(t))' = cf'(t)$

(3) $(a(t)f(t))' = a'(t)f(t)+a(t)f'(t)$

(4) $\int_a^b (f(t)+g(t))\,dt = \int_a^b f(t)\,dt + \int_a^b g(t)\,dt$

(5) $\int_a^b (cf(t)\,dt) = c\int_a^b f(t)\,dt$

(6) $\int_a^b (\vec{c}\cdot f(t)\,dt) = \vec{c}\cdot\int_a^b f(t)\,dt$

정리 곡선의 미·적분 II

(1) $(f(t)\cdot g(t))' = f'(t)\cdot g(t) + f(t)\cdot g'(t)$

(2) $(f(t)\times g(t))' = f'(t)\times g(t) + f(t)\times g'(t)$

(3) $\| \int_a^b f(t)\,dt \| \le \int_a^b \| f(t) \|\,dt$

증명 (1), (2) 성분으로 정리한다.(계산 생략)

(3) $\int_a^b f(t)\,dt\ (=\vec{c})$ 로 쓰면,

$$\|\vec{c}\|^2 = \vec{c}\cdot\vec{c} = \vec{c}\cdot\int_a^b f(t)\,dt = \int_a^b \vec{c}\cdot f(t)\,dt \le \int_a^b |\vec{c}\cdot f(t)|\,dt$$

코시Cauchy 부등식 $|\vec{c}\cdot f(t)| \le \|\vec{c}\|\ \|f(t)\|$ 을 사용하면

$$\|\vec{c}\|^2 \le \int_a^b \|\vec{c}\|\ \|f(t)\|\,dt = \|\vec{c}\|\int_a^b \|f(t)\|\,dt$$

$\|\vec{c}\| \neq 0$인 경우 나누어 결과를 얻는다. ($\|\vec{c}\| = 0$인 경우, 양변 0으로 자명한 부등식).

연습문제

• 벡터함수 미·적분

1. $F(t)=e^{kt}i+e^{-kt}j$ 일 때 $F(t)\,//\,F'(t)$ 임을 보여라.

2. $F(t)=ti+\sqrt{t+1}\,j-e^{t}k$ 일 때, 다음을 구하라

(1) $F(t)\cdot F'(t)$

(2) $\int_0^1 F(t)\,dt$

(3) $\lim_{t\to 0} F(t)$

3. $\int_a^b F(t)\cdot G(t)\,dt=(\int_a^b F(t)dt)\cdot(\int_a^b G(t)dt)$은 성립하는지 생각하여 보자(단, F, G는 벡터함수이다).

4. $F(0)=i+3k$, $F'(t)=2\cos t\,i-t\sin t^2\,j+2t\,k$일 때 $F(t)$를 구하라.

5. $\lim_{t\to t_0} F(t)=L$이면, $\lim_{t\to t_0}\|F(t)\|=\|L\|$ 임을 보여라.

(힌트) $|\,\|A\|-\|B\|\,|\le\|A-B\|$

다음 (6)~(9)를 보여라.

6. $\frac{d}{dt}F(u(t))=\frac{dF}{du}\,u'(t)$

7. $\frac{d}{dt}[\,F(t)\cdot(G(t)\times H(t))\,]=F'\cdot G\times H+F\cdot G'\times H+F\cdot G\times H'$

8. $\frac{d}{dt}[u(t)F(t)\times v(t)G(t)]=u(t)v(t)\frac{d}{dt}[F\times G]+[F\times G]\frac{d}{dt}[u(t)v(t)]$

9. $\|r(t+h)-r(t)\|\le s(t+h)-s(t)\le\int_t^{t+h}\|r'(u)\|\,du$

3. 공간곡선의 $T-N-B$

(공간)곡선의 곡률, 곡면의 곡률 등은 중요한 개념이다. 곡선이나 곡면의 기하적 특성을 이해하기 위한 이러한 본질적 개념을 정리하기 위하여 미·적분 기술은 절대적임을 알 수 있다. 여기서는 간단히 공간곡선의 특성을 이해하기 위한 몇 가지 기본적 기호를 소개하기로 한다.

정 의

곡선 $C: P(t)=x(t)\,i+y(t)\,j+z(t)\,k$의 성분함수들이 모두 일급함수(연속적 미분 가능, 즉 C^1 함수)이고, $P'(t)\neq\vec{O}$인 곡선 C를 **정규곡선**(a regular curve)이라 한다.

예 제

평면내의 반경이 r인 원이 $C: P(t)=(r\cos t)i+(r\sin t)j,\ t\in[0,2\pi]$로 주어지면

(1) 정규곡선이고, (2) $P(t)\perp P'(t)$

임을 보이자.

풀이 (1) 성분함수들은 모두 일급함수이고,

$$P'(t)=(-r\sin t)i+(r\cos t)j\neq\vec{O}$$

(2)
$$P(t)\cdot P'(t)=[(r\cos t)\,i+(r\sin t)j)]\cdot[(-r\sin t)i+(r\cos t)j]$$
$$=-r^2\cos t\ \sin t+r^2\sin t\cos t=0$$

예 제

(**사이클로이드** Cycloid) $C: P(t)=(t-\sin t)i+(1-\cos t)\,j$는 정규곡선이 아니다.

풀이 $P'(t)=(1-\cos\ t)\,i+(\sin\ t)\,j$이므로

$$t_0=0,\ 2\pi,\cdots \text{ 에서는 } P'=\vec{0}$$

$t_0=0,\ 2\pi,\cdots$에 대응점 $P(t_0)$에서는 **첨점**(Cusp)으로 나타나고, 접선을 정의할 수 없다.

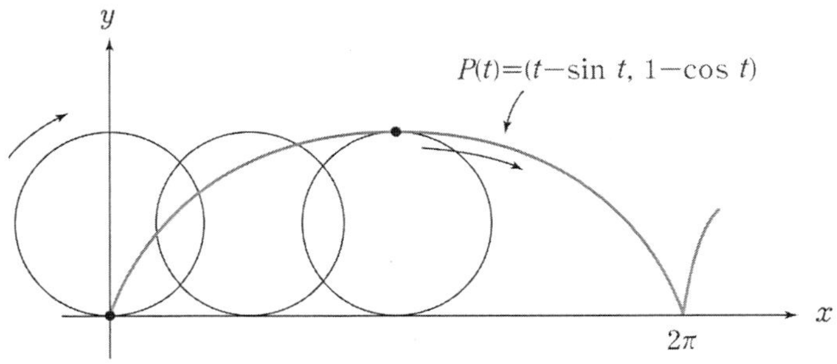

공간곡선의 $T-N-B$ 벡터

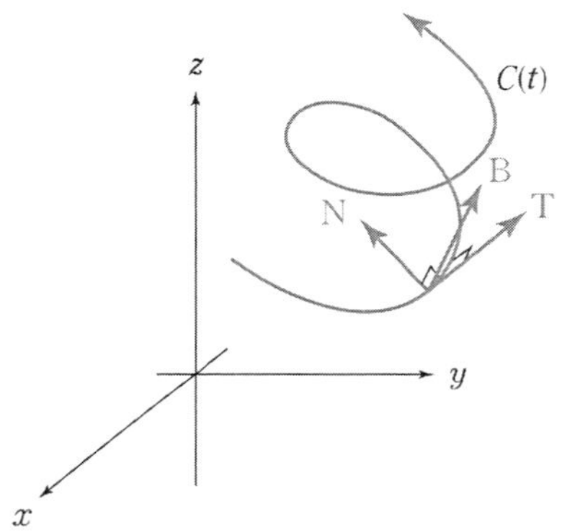

곡선 $C: P(t) = x(t)\,i + y(t)\,j + z(t)k$ 가 정규곡선이면 (즉, $P'(t) \neq \overrightarrow{O}$), **(단위)접벡터**(unit tangent vector)

$$T(t) = \frac{P'(t)}{\| P'(t) \|}$$

가 정의된다. $\| T(t) \|^2 = 1$, 즉 $T(t) \cdot T(t) = 1$이므로 양변을 미분하면, 벡터 미분공식에 따라

$$T' \cdot T + T \cdot T' = 0$$

즉,
$$2\,T \cdot T' = 0$$

가 되어 $T'(t) \neq \overrightarrow{0}$인 경우, 미분곡선 $P'(t)$가 정규곡선이라면 **주법선벡터**(principal Normal vector)

$$N = \frac{T'(t)}{\| T'(t) \|}$$

가 정의된다. 이제 두 벡터 T, N 을 품는 평면을 **접촉평면**(osculating Plane)이라 하는데, 이에 수직인 벡터는 두 벡터의 외적

$$B(t) = T(t) \times N(t)$$

로 **종법선벡터**(Bi－normal vector)라 부른다.[2)]

정 의

서로 직교하는 단위벡터들의 모임을 **정규직교 집합**(ortho－normal set)이라 한다.

예를 들어 ① 공간곡선에 대한 벡터모임 $\{T, N, B\}$ ② 각 축방향 단위벡터의 모임 $\{i, j, k\}$ 등이다.

예 제

$C : P(t) = a\cos t\, i + a\sin t\, j + bt\, k$는 원통을 나사 모양으로 감아 올라가는 곡선이다. C의 $T-N-B$ 벡터를 구하자.

풀이 $T(t) = \dfrac{P'(t)}{\| P'(t) \|} = \dfrac{1}{\sqrt{a^2+b^2}}(-a\sin t\, i + a\cos t\, j + b\, k)$는 단위접선벡터이다.

$$\frac{d}{dt}(a - a\sin t\, i + a\cos t\, j + b\, k) = (-a\cos t\, i - a\sin t\, j)$$

이므로 주법선벡터 $N = -\cos t\, i - \sin t\, j + 0k$. 주법선벡터는 수평으로 $z-$축 방향이다. 또, 종법선벡터는

$$B(t) = T(t) \times N(t) = \frac{1}{\sqrt{a^2+b^2}}(b\sin t\, i - b\cos t\, j + a\, k)$$

2) $\| B(t) \| = \| T(t) \| \, \| N(t) \| \sin\frac{\pi}{2} (=1)$로 단위벡터이다. T, N, B 벡터는 **공간곡선의 특성**을 나타내는 것이다.(기하학 참조)

연습문제

• 경로와 정규 곡선

1. $r(t)=ati+bt^2j$는 포물선을 나타낸다. x, y의 식으로 나타내라.

2. 단위원을 따라 움직이는 다음 두 경로 $C:[0,2\pi]\rightarrow R^2$에 대하여

$C_1 : r(t)=(cos\ t, sin\ t)$

$C_2 : r(t)=(cos\ 2t, sin\ 2t)$

(1) 두 경로에 대하여 속력을 비교하여라.

(2) $C_1(t)=C_2(t)$인 t 를 모두 구하고, 두 경로의 시점과 종점에서만 만남을 보여라.

3. 다음 두 경로에 대하여 답하라.

$$C_1 : r(t)=(t, |t|)$$

$$C_2 : r(t)=\begin{cases}(e^{-\frac{1}{t}}, & e^{-\frac{1}{t}}) \quad , t>0 \\ (0 \quad , & 0\ ) \quad , t=0 \\ (e^{-\frac{1}{|t|}}, & e^{-\frac{1}{|t|}}) \quad , t<0\end{cases}$$

(1) 경로를 각각 그려 보아라

(2) $C'(0)$가 정의되는 경로는 어떤 것인지 판정하고, 그것은 정규곡선을 나타내는지 판정하여라.

(힌트) $f(t)=\begin{cases}e^{-\frac{1}{|t|}} & , t\neq 0 \\ 0 & , t=0\end{cases}$ 은 $f'(0)=0$

• 운동과 미·적분

4. 입자가 시각 t 에서 위치가 $\vec{r}(t)=(e^t\ cos\ t, e^t\ sin\ t)$일 때, 이 곡선의 접벡터는 위치 벡터와 각 $\frac{\pi}{4}$를 이루는 것을 보여라.

5. $a, b, \omega > 0$일 때 어떤 물체가 원형나선(circular helix)

$$r(t) = a\cos\omega t\, i + a\sin\omega t\, j + b\omega t\, k$$

를 따라 움직일 때

(1) 속도와 속력을 구하라.

(2) 가속도와 그 크기를 구하라.

(3) 속도와 가속도 사이각은 항상 직각임을 보여라.

6. 한 입자가 $\vec{r}(t) = 2\cos 2t\, i + 3\cos t\, j$로 움직일 때

(1) 입자는 포물선 $4y^2 - 9x = 18$ 위에서 진동함을 보여라.

(2) 속도가 0일 때, 가속도를 구하라.

7. (정의) 질량이 m인 물체가 속도 $\vec{v}(t)$로 힘 $\vec{F}(t)$에 의해 움직일 때 $\vec{F}\cdot\vec{v}$를 일률(Power)이라 하며, $\frac{1}{2}m(\vec{v}\cdot\vec{v})$을 운동에너지(Kinetic Energy)라 한다.

일률은 운동에너지의 시간에 대한 변화율임을 보여라.

4. 곡선의 재매개화 re-parametrization

7장에서 배운 평면곡선의 길이공식을 생각하면 경로 $P(t) : [a, b] \to R^3$, $P(t) = x(t)\, i + y(t)\, j + z(t) k$로 주어지는 공간곡선의 길이는

$$\int_a^b \sqrt{(x'(t))^2 + (y'(t))^2 + (z'(t))^2}\, dt$$

즉, 간단히 $\int_a^b \| P'(t) \|\, dt$. 이제,

$$s(t) = \int_a^t \| P'(t) \|\, dt$$

로 나타내면,

$s(t) =$ ($a \sim t$까지의 곡선 길이). 이를테면, $s(b) =$ (곡선의 총 길이)

를 나타낸다. 따라서 변수 s를 **호의 길이 변수**라 한다.[3)]

호의 길이(arc length)를 나타내는 변수 s 를 사용하여, 곡선에 대한 새로운 경로를 나타내 보자.

(곡선의 재매개화) 우선, $s(t) = \int_a^t \| P'(t) \| \, dt$이므로 [미·적분 기본정리]에 따라

$$\frac{ds}{dt} = \| P'(t) \| \text{, 즉 } ds = \| P'(t) \| \, dt$$ [4)]

$\frac{ds}{dt} = \| P'(t) \| \, (\neq 0)$ (즉, C 가 정규곡선)인 경우, $\frac{ds}{dt} > 0$ 이므로 $s(t)$ 가 (순)증가함수로, 그 역함수 $t(s)$ 가 정의된다.

경로 $C: \ P(t) = x(t)\, i + y(t)\, j + z(t)\, k, \ t \in [a, b]$에 역함수 $t(s)$를 합성하면, 새 경로

$$C: \ P(t(s)) = x(t(s))\, i + y(t(s))\, j + z(t(s))\, k, \ s \in [s_a, s_b]$$

를 얻는다. 이것을 주어진 경로를 **호의 길이 s로 재매개화**한 것이다. 새 경로의 접선벡터를 생각하여 보자.

$$\frac{dP}{ds} = \frac{dP}{dt}\frac{dt}{ds}$$

$$= \frac{dP}{dt}\left(\frac{ds}{dt}\right)^{-1} = \frac{P'(t)}{\| P'(t) \|}$$

즉, $$\left\| \frac{dP}{ds} \right\| = 1$$

곡선 C가 **정규곡선**일 때, 우리는 다음 결과를 얻었다.

정리 곡선의 재매개화

> **호의 길이 s로 재매개화**한 경로 $C: P(t(s))$의 접벡터는 단위벡터

즉, 곡선 C 가 정규곡선일 때, 그 경로를 호의 길이 s로 재매개화한(Re-parametrize)

---

3) [수학]에서는 S는 (호의 길이), [물리]에서는 (이동거리)를 나타내는 변수이다.

4) 간단히, ds는 선소이므로 (C의 총 길이)$= \int_C ds$

경로 $C: P(t(s))$의 접선벡터는 항상 단위벡터가 됨을 알 수 있다. 즉, 그 속력이 항상 1이 되는 **(단위속력) 곡선**임을 알 수 있다.[5)]

예 제

평면내의 반경이 r인 원 $C: P(t) = (r\cos t)i + (r\sin t)j,\ t \in [0, 2\pi]$를 호의 길이 변수 s로 재매개화하고, 단위속력 곡선임을 알아보자.

풀이 $s(t) = \int_0^t \| P'(t) \| \, dt = \int_0^t \sqrt{(-r\sin t)^2 + (r\cos t)^2} \, dt$

$$= \int_0^t r \, dt = rt$$

즉, $t = \frac{1}{r} s$ 이므로, 호의 길이 s**로 재매개화한 원의 새 경로**는

$$C: P(t(s)) = \left(r\cos \frac{s}{r}\right)i + \left(r\sin \frac{s}{r}\right)j,\ s \in [0, \frac{2\pi}{r}] \ \cdots ①$$

여기서,

$$T = \frac{dP}{ds} = -r\left(\frac{1}{r}\right)\sin\left(\frac{s}{r}\right)i + r\left(\frac{1}{r}\right)\cos\left(\frac{s}{r}\right)j$$
$$= \left(-\sin\frac{s}{r}\right)i + \left(\cos\frac{s}{r}\right)j$$

는 단위벡터로, ①은 **단위속력 곡선**임을 알 수 있다.

평면 곡선의 곡률 curvature

곡선 $y = f(x)$위의 두 점 $P(x, y)$, $Q(x + \triangle x, y + \triangle y)$에 대하여 호 $\widehat{PQ}$ 를 그릴 때, 각 점에서의 접선은 그림에서와 같이 각 $\triangle\theta$ 만큼 회전함을 알 수 있다. 곡선 한 점 P에서의 곡률 k는 점 Q가 점 P 에 접근할 때, 호 $\widehat{PQ}$ 의 평균 곡률 $\frac{\triangle\theta}{\triangle s}$의 극한의 절대값이다.

5) 기호로 T는 단위 접선벡터를 나타낼 때 쓰인다.

정 의

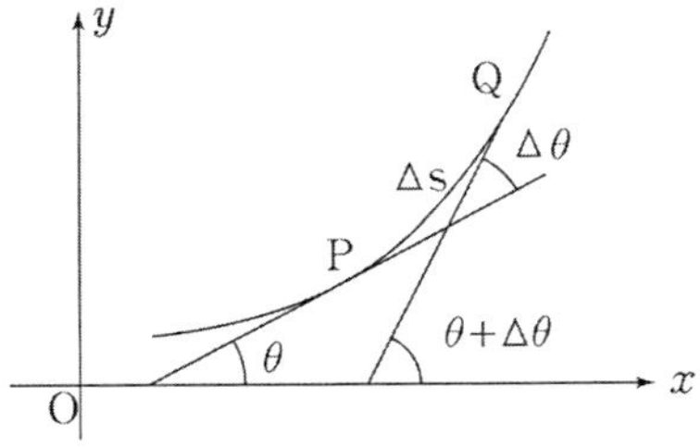

(평면곡선의 **곡률**)

$$k = \left| \lim_{\triangle s \to 0} \frac{\triangle \theta}{\triangle s} \right| = \left| \frac{d\theta}{ds} \right|$$

이제 k 계산 공식을 다음과 같이 구하여 보자. 우선 그림에서 $\theta = Tan^{-1}(y')$으로부터

$$d\theta = \frac{y''}{1+(y')^2}\, dx$$

한편 $ds = \sqrt{1+(y')^2}\, dx$ 이므로 곡률

$$k = \left| \frac{d\theta}{ds} \right| = \left| \frac{\frac{d\theta}{dx}}{\frac{ds}{dx}} \right| = \frac{|y''|}{[1+(y')^2]^{\frac{3}{2}}}$$

예 제

포물선 $y = x^2$의 정점 $(0, 0)$에서의 곡률을 구하여 보자.

풀이 $k = \left[\frac{2}{(1+4x^2)^{\frac{3}{2}}} \right]_{x=0} = 2$ (rad/단위길이)

다음 예제와 공식은 간단하므로 연습으로 남긴다.

예 제

직선의 곡률은 0임을 알 수 있다.

(Main 공식) 매개변수 곡선 $x=f(u), y=g(u)$ 에 대한 곡률 공식은

$$k=\frac{|f'g''-f''g'|}{\{(f')^2+(g')^2\}^{\frac{3}{2}}}$$

예 제

반경 a인 원 위의 임의의 점에서 곡률은 일정하며 원의 반경은 곡률의 역수와 같음을 보이자.

풀이 $x=f(\theta)=a\cos\theta,\quad y=g(\theta)=a\sin\theta$로부터

$$k=\frac{a^2\sin^2\theta+a^2\cos^2\theta}{(a^2\sin^2\theta+a^2\cos^2\theta)^{\frac{3}{2}}}=\frac{1}{a}$$

정 의

곡선 $y=f(x)$는 점 P에서 접선 l을 가지고, 그 점에서의 곡률 k 라 하자. 이 때 점 P에서 l 에 접하고 l에 대하여 주어진 곡선과 같은 쪽에 있으며 곡률이 k인 원을 작도한다 할 때, 이 원을 주어진 곡선의 점 P에서의 **곡률원**이라 한다. 이 때 이 원의 반경을 **곡률반경**이라 한다.

정 의

(곡률반경) a radius of curvature

$$R=\frac{1}{k}=\frac{\{1+(y')^2\}^{\frac{3}{2}}}{|y''|}$$

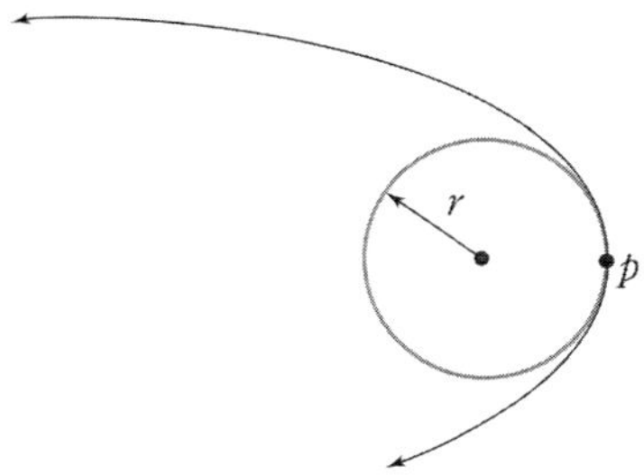

점 p에서의 곡률은 $1/r$

극방정식 $r=f(\theta)$에 대한 곡률 공식은 $k=\dfrac{|r^2+2(r')^2-rr''|}{\{r^2+(r')^2\}^{\frac{3}{2}}}$. 이는 간단하므로 연습으로 남기기로 한다.

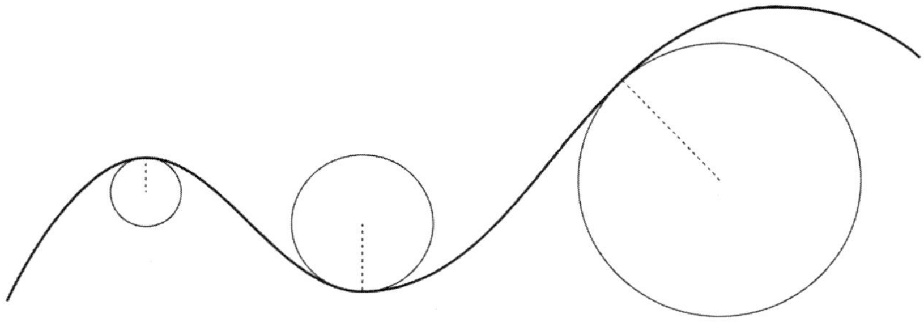

연습문제

• 곡선의 재매개화

1. 곡선 $C(t):\ [a,b]\to R^2$ 에 대하여 $\tilde{C}(t)=C(a+b-t)$로 놓으면 단위 접선벡터의 부호는 바뀌지만, 주법선벡터는 그대로임을 보여라.

2. 곡선 C 는 $P=(e^t\cos t)i+(e^t\sin t)j+e^tk$ 로 주어진 곡선일 때, $t=0$ 부터 잰 곡선 길이 $s(t)$를 구하시오.

해답 $s(t)=\sqrt{3}\,(e^t-1)$

3. 한 입자가 반지름 r인 원을 따라 일정 속도 v로 움직일 때 각속도와 가속도의 크기를 구하라. 단, 편각 $\theta(t)$에 대하여, $\omega(t)=\dfrac{d\theta}{dt}$를 **각속도**라 한다.

4. 시간 t에서 원주상의 점 P 의 좌표가 $x=k\cos mt,\ y=k\sin mt$이면

(1) 항속(등속)임을 보여라.

(2) P의 가속도는 항상 구심적(즉, 원의 중심을 향함)임을 보여라.

(3) 단위속력곡선이 되도록 재매개화 하여라.

해답 $x(s)=k\ \cos\left(\frac{1}{k|m|}s\right),\ y=k\ sin\left(\frac{1}{k|m|}s\right)$

5. (경로의 재매개화) 경로 $C: r(t)$, $t\in[a,b]$가 나타내는 평면곡선에 대하여, 다음 경로를 각각 나타내어라.

(1) 경로 C: $\tilde{r}(t)$: $[0,1]$

(힌트) P: $[0,1]\to[a,b]$인 일차함수 $P(t)=\alpha t+\beta$로 재매개화

(2) 역경로 C^{-}: $\tilde{r}(t)$: $[b,a]$

(힌트) P: $[a\ ,b]\to[b,a]$인 일차함수 $P(t)=\alpha t+\beta$로 재매개화

6. 곡선 $P=(a\ sin\ t)\,i+(a\ cos\ t)j+(ct)k$, 단 $a>0$에 대하여

(1) t가 시간을 나타낼 때, 속도(벡터), 가속도(벡터)를 각각 T, N, B 벡터를 이용하여 나타내어 보시오.

해답 $\vec{v}=\sqrt{a^2+c^2}\ T,\ \vec{a}=a\,N$

(2) $t=\frac{\pi}{2}$일 때 곡선에 대한 T, N, B 벡터를 구하시오.

해답 $T=-\frac{a}{\sqrt{a^2+c^2}}j+\frac{c}{\sqrt{a^2+c^2}}k$

$N=-i,\ B=-\frac{c}{\sqrt{a^2+c^2}}j-\frac{a}{\sqrt{a^2+c^2}}k$

• 공간 곡선과 평면, 곡률

7. 곡선 $(2t^2, 1-t, 3+t^2)$이 평면 $3x-14z+z=10$과의 교점을 구하라.

해답 $(2,0,4)$, $(18,4,12)$

8. 곡선 $\vec{r}(t) = (\frac{2t}{1+t^2}, \frac{1-t^2}{1+t^2}, 1)$에 대하여 $\vec{r}(t)$와 $\vec{r}'(t)$의 사잇각의 $cosine$은 상수임을 보여라.

9. 곡선 $\vec{r}(t) = (a\cos t, a\sin t, bt)$ 상의 점에서의 접선이 z축과 이루는 각 $\theta(t)$라 하면

$$\cos\theta(t) = \frac{b}{\sqrt{a^2+b^2}}$$

임을 보여라.

10. 곡선 $\gamma(t) = (3t, 3t^2, 2t^3)$ 위의 모든 점에서 단위접선벡터와 평면 $x+z=0$가 이루는 각?

해답 $\frac{\pi}{4}$

11. 꼬인 3차곡선(*twisted cubic*) $r(t) = ti + t^2j + t^3k$ 의 점$(2, 4, 8)$에서의 접선의 식은 $r(t) = (2, 4, 8) + t(1, 4, 12)$ 임을 보여라.

12. 곡선 $C: r(t) = 2\cos t\, i + 2\sin t\, j + t^2 k$의 $t=0$에서 $t=1$까지의 길이는 $\sqrt{2} + ln(1+\sqrt{2})$임을 보여라.

13. 곡선 γ을 두 곡면

$$S_1 = \{(x, y, z) \in R^3 \mid x^2 - y^2 = 1,\ x > 0\},$$
$$S_1 = \{(x, y, z) \in R^3 \mid z = xy\}$$

의 교선이라 하자. 이때 γ 위의 점 $Q = (1, 0, 0)$에서의 γ 의 접선벡터와 수직이고, 점 Q를 포함하는 평면에 점 $(-1, 1, -1)$이 속함을 보여라.

14. 극방정식 $r = f(\theta)$로 주어진 곡선의 곡률 공식은

$$k = \frac{|r^2 + 2(r')^2 - rr''|}{\{r^2 + (r')^2\}^{\frac{3}{2}}}$$

임을 보여라.

Chapter 04 다변수 함수 미분

1. 편도함수 Partial derivatives

정 의

이변수 함수 $z=f(x,y)$에 대하여

$$\lim_{h\to 0}\frac{f(x_0+h, y_0)-f(x_0, y_0)}{h}$$

의 극한값이 존재할 때, 점 $P(x_0, y_0)$에서 함수 f의 $x-$**편미분계수**이라 하고, $\dfrac{\partial f}{\partial x}(x_0, y_0)$ 또는 $f_x(x_0, y_0)$로 나타낸다. 또, 극한

$$\lim_{k\to 0}\frac{f(x_0, y_0+k)-f(x_0, y_0)}{k}$$

이 존재할 때, 점 $P(x_0, y_0)$에서 함수 f의 $y-$**편미분계수**라 하고, $\dfrac{\partial f}{\partial y}(x_0, y_0)$ 또는 $f_y(x_0, y_0)$로 쓴다.[6)]

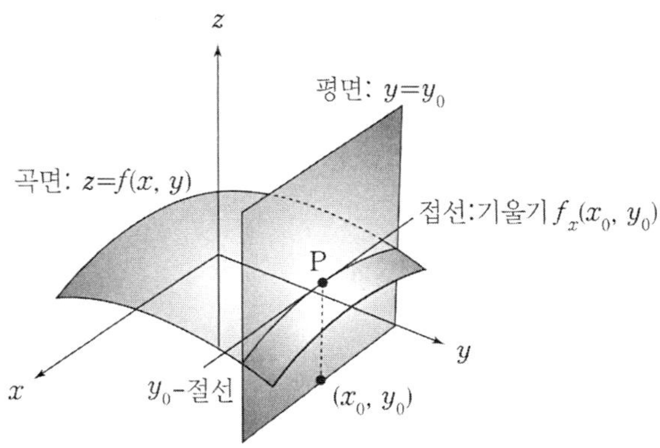

6) 이 때 미분표시로 "d 대신 ∂"를 사용하는데, 독립변수가 두 개 이상 있을 때 쓰는 것으로 ∂(Round)로 읽는다.

각 편미분은 $x, y-$축 방향으로의 미분계수이므로, 점 P 상의 곡면 $z=f(x,y)$상의 점 $f(P)$ 에서 $x-$축 방향 접선의 기울기, $y-$축 방향 접선의 기울기를 나타낸다.

일반적으로, 다변수함수 $z=f(x_1, x_2, \cdots, x_n)$에 대해서 $i=1,2,\cdots,n$에 대한 각 편미분

$$\frac{\partial f}{\partial x_i}=\lim_{h\to 0}\frac{f(x_1, x_2, \cdots, x_i+h, \cdots, x_n)-f(x_1, x_2, \cdots, x_n)}{h}$$

로 정의한다. 벡터기호로 간단히

$$\frac{\partial f}{\partial x_i}(X)=\lim_{h\to 0}\frac{f(X+h\, e_i)-f(X)}{h}$$

$e_i=(0,\cdots,1,\cdots,0)\in R^n$ 는 R^n의 $i-$번째 축의 단위벡터이므로,

$$X+h e_i=(x_1, x_2, \cdots, x_i+h, \cdots, x_n).$$

다변수함수의 편미분은 몇 번째 변수에 대한 편미분인지 간단히 첨자로 구별할 수 있다. 이를테면, $\frac{\partial f}{\partial x_i}\mapsto f_i$로 $f_i=f_{x_i}$와 같은 표시이다. 마찬가지로, **이차 편미분**일 경우

$$\frac{\partial}{\partial x_j}\left(\frac{\partial f}{\partial x_i}\right)\mapsto f_{ij}\ ,\quad \frac{\partial}{\partial x_i}\left(\frac{\partial f}{\partial x_j}\right)\mapsto f_{ji}$$

와 같이 간단히 쓸 수 있다.

구분적으로 정의된 다변수 함수의 편미분 계산은 정의에 따라 다음과 같이 절차를 거쳐야 한다. 초보 단계에서는 그 절차를 따라 연습한다.

예 제

다음 함수 f에 대하여 다음을 보이자.

$$f(x,y)=\begin{cases}\dfrac{3x^2y}{x^2+y^2} & (x,y)\neq(0,0)\\ 0 & (x,y)=(0,0)\end{cases}$$

(1) $f_x(0,0)=f_y(0,0)=0$, 한편

(2) f_x가 원점에서 연속이 아니다.

풀이 (1) $f_x(0,0)=\lim_{h\to 0}\dfrac{f(h,0)-f(0,0)}{h}=\lim_{h\to 0}\dfrac{\dfrac{3h^2\cdot 0}{h^2+0^2}-0}{h}$

$$= \lim_{h \to 0} \frac{0-0}{h} = \lim_{h \to 0} 0 = 0$$

마찬가지로

$$f_y(0,0) = \lim_{k \to 0} \frac{f(0,k) - f(0,0)}{k} = \lim_{h \to 0} \frac{\frac{3 \cdot 0^2 \cdot k}{0^2 + k^2} - 0}{k}$$

$$= \lim_{k \to 0} \frac{0-0}{k} = \lim_{k \to 0} 0 = 0$$

(2) 적당한 경로에 대하여 극한을 살펴보면, 연속이 아님을 알 수 있다. 우선 원점을 제외한 곳에서는

$$\frac{\partial f}{\partial x} = \frac{(6xy)(x^2+y^2) - 3x^2y(2x)}{(x^2+y^2)^2} = \frac{6xy^3}{(x^2+y^2)^2}$$

이므로, 대각선 $y = x$을 따른 그 극한

$$\lim_{(x,x) \to (0,0)} \frac{\partial f}{\partial x} = \lim_{x \to 0} \frac{6x \cdot x^3}{(x^2+x^2)^2} = \lim_{x \to 0} \frac{6x^4}{4x^4} = \lim_{x \to 0} \frac{3}{2} = \frac{3}{2} \neq \frac{\partial f}{\partial x}(0,0)$$

앞의 결과를 비교하면, f_x는 원점에서 연속이 아님을 알 수 있다.

연습문제

• 편도함수

1. 함수 $f(x,y) = x^{\frac{1}{3}} y^{\frac{1}{3}}$ 에 대하여 편도함수 정의에 따라 $\frac{\partial f}{\partial x}(0,0)$, $\frac{\partial f}{\partial y}(0,0)$를 구하라.

해답 $\frac{\partial f}{\partial x}(0,0)$, $\frac{\partial f}{\partial y}(0,0) = 0$

2. 다음 함수에 대한 편도함수 $\frac{\partial f}{\partial x}$, $\frac{\partial f}{\partial y}$를 구하라.

(1) $f(x,y) = e^{xy}$

(2) $f(x,y) = e^{-x} sin(x+2y)$

(3) $f(x, y) = x^3y + 4xy^2$

(4) $f(x, y) = log\ \sqrt{1+2xy}$

(5) $f(x, y) = \dfrac{xy}{\sqrt{x^2+y^2}}$

해답 $\dfrac{\partial f}{\partial x} = \dfrac{y^3}{(x^2+y^2)^{\frac{3}{2}}}$

3. 깊이가 50cm, 반지름이 25cm의 직원뿔에 매초 20cc의 물을 넣고 있다. 수면의 반지름이 5cm일 때, 수면의 상승속도를 구하라.

해답 $\dfrac{4}{5\pi}$

4. 자동차 두 대가 교차점을 향하여 달리고 있다. 자동차 A는 50km/h의 속도로 서쪽으로 달리고, 자동차 B는 60km/h의 속도로 북쪽으로 달리고 있다. 교차 지점으로부터 A는 동쪽 0.3mile, B는 남쪽 0.4mile의 거리에 있을 때, 두 대가 접근해 가는 속도를 구하라.

해답 78(km/h)

5. 원뿔의 밑면의 반지름이 30cm이고 매초당 3cm씩 증가한다. 그리고 높이는 40cm이며 매초당 5cm씩 증가하고 있다. 원뿔의 체적의 변화율을 구하라.

해답 $15\pi(t+10)(3t+26)$

6. 삼각형의 한 변의 길이는 3cm/sce로 증가하고 있고, 다른 한 변의 길이는 2cm/sec로 감소하고 있으며, 두 변의 사이각은 0.05rad/sec로 증가 하고 있다. 두 변의 길이가 각각 40cm/sec, 60cm/sec이고, 사이각이 $\dfrac{\pi}{6}$일 때, 삼각형의 면적 변화율을 구하라.

해답 $25+15\sqrt{3}\ (cm^2/sec)$

• 고계 편도함수

7. 다음 함수의 2계 편도함수들을 구하라.

(1) $f(x, y) = x^3y + 4xy^2$

(2) $f(x, y) = sin(x^3y^2)$

8. $z = x^2 Tan^{-1}\frac{y}{x} - y^2 Tan^{-1}\frac{x}{y}$ 일 때 $\frac{\partial^2 z}{\partial x \partial y} = \frac{x^2 - y^2}{x^2 + y^2}$ 임을 보여라.

9. 함수 $f(x, y) = \begin{cases} \frac{3x^2 y}{x^2 + y^2} & (x, y) \neq (0,0) \\ 0 & (x, y) = (0, 0) \end{cases}$에 대하여

$\frac{\partial^2 f}{\partial x \partial y}(0,0) = 1$, $\frac{\partial^2 f}{\partial y \partial x}(0,0) = -1$임을 보여라.([**참고**] 고계 편미분계산 참조)

• 거리 함수의 미분

10. $\vec{r} = (x, y, z)$, $r = \sqrt{x^2 + y^2 + z^2}$ 일 때 다음을 보여라.

(1) $\nabla\left(\frac{1}{r}\right) = -\frac{1}{r^3}\vec{r}$, 일반적으로 $\nabla(r^n) = nr^{n-2}\vec{r}$

$\nabla(log\ r) = \frac{1}{r^2}\vec{r}$

(2) $\nabla^2\left(\frac{1}{r}\right) = 0$, $\nabla^2(r^n) = n(n+1)r^{n-2}$

(3) $\nabla\cdot\left(\frac{1}{r^3}\vec{r}\right) = 0$, 일반적으로 $\nabla\cdot(r^n\ \vec{r}) = (n+3)r^n$

(4) $\nabla \times \vec{r} = \vec{0}$, 일반적으로 $\nabla \times (r^n\ \vec{r}\ ) = \vec{0}$

• 편미분 방정식

11. (라플라스 Laplace) 대표적 편미분방정식의 하나는 라플라스 방정식으로 $n = 2$일 때 $\frac{\partial^2 z}{\partial x^2} + \frac{\partial^2 z}{\partial y^2} = 0$의 형태이다. 다음은 해임을 보이시오.

(1) $z = ln\ (x^2 + y^2)$

(2) $z = x^2 - y^2$

(3) $z = e^x\ cos\ y$

12. $n=3$일 때 라플라스 방정식 $\dfrac{\partial^2 u}{\partial x^2}+\dfrac{\partial^2 u}{\partial y^2}+\dfrac{\partial^2 u}{\partial z^2}=0$이다. 함수 $u=\dfrac{1}{\sqrt{x^2+y^2+z^2}}$은 그 해임을 보이시오.

[참고] 고계 편미분의 계산

구분적으로 정의된 다변수 함수의 이계 편도함수를 구할 때, 다음과 같은 절차를 거쳐 구하여야 한다.

예 제

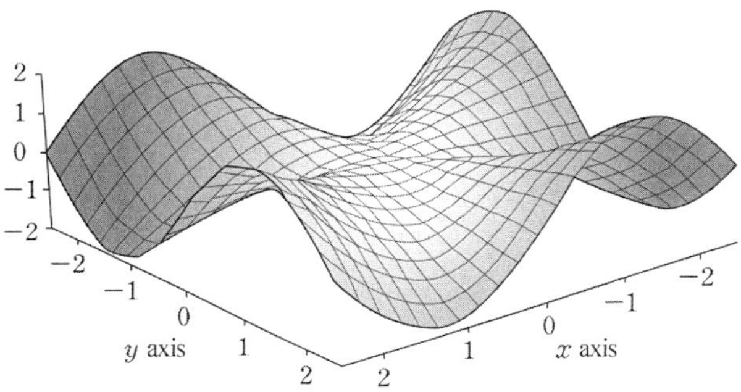

$f(x,y)=\dfrac{xy(x^2-y^2)}{(x^2+y^2)}$일 때 $f(0,0)=0$로 정의하면 원점에서 연속함수이다. 이 함수에 대하여 $f_{xy}(0,0)\neq f_{yx}(0,0)$임을 보이자.

풀이 편도함수 정의에 따라

$$\frac{\partial^2 f}{\partial y\,\partial x}(0,0)=\frac{\partial}{\partial y}\left(\frac{\partial f}{\partial x}\right)(0,0)=\lim_{y\to 0}\frac{\dfrac{\partial f}{\partial x}(0,y)-\dfrac{\partial f}{\partial x}(0,0)}{y}$$

그런데

$$\begin{aligned}\frac{\partial f}{\partial x}&=\frac{\partial}{\partial x}\left(\frac{xy(x^2-y^2)}{x^2+y^2}\right)\\&=\frac{(3x^2y-y^3)(x^2+y^2)-xy(x^2-y^2)(2x)}{(x^2+y^2)^2}\end{aligned}$$

로부터 $\dfrac{\partial f}{\partial x}(0,y)=\dfrac{-y^5}{y^4}=-y$. 한편 원점에서는 정의에 따라

$$\frac{\partial f}{\partial x}(0,0)=\lim_{x\to 0}\frac{f(x,0)-f(0,0)}{x}$$

$$= \lim_{x \to 0} \frac{0-0}{x} = 0$$

종합하면

$$\frac{\partial^2 f}{\partial y \partial x}(0,0) = \lim_{y \to 0} \frac{(-y)-0}{y} = -1 \quad \cdots ①$$

마찬가지 방법으로 편도함수 정의에 따라

$$\frac{\partial^2 f}{\partial x \partial y}(0,0) = \frac{\partial}{\partial x}\left(\frac{\partial f}{\partial y}\right)(0,0) = \lim_{x \to 0} \frac{\frac{\partial f}{\partial y}(x,0) - \frac{\partial f}{\partial y}(0,0)}{x}$$

그런데

$$\frac{\partial f}{\partial y} = \frac{\partial}{\partial y}\left(\frac{xy(x^2-y^2)}{x^2+y^2}\right)$$
$$= \frac{(x^3-3xy^2)(x^2+y^2) - xy(x^2-y^2)(2x)}{(x^2+y^2)^2}$$

로부터 $\frac{\partial f}{\partial y}(x,0) = \frac{x^5}{x^4} = x$. 한편, 원점에서는 정의로부터

$$\frac{\partial f}{\partial y}(0,0) = \lim_{y \to 0} \frac{f(0,y) - f(0,0)}{y}$$
$$= \lim_{y \to 0} \frac{0-0}{y} = 0$$

따라서

$$\frac{\partial^2 f}{\partial x \partial y}(0,0) = \lim_{x \to 0} \frac{x-0}{x} = 1 \quad \cdots ②$$

편미분의 순서를 바꾸어도 되는 조건에 대한 다음 정리가 있다. 자주 등장하므로 기억하기로 한다. 그 증명은 다변수 함수의 연속성과 극한에 대한 수학적 정의를 거쳐 하므로, 여기서는 생략하기로 한다.7)

7) 이계 편도함수들이 모두 연속인 함수 f를 이급함수라 한다. 정리에 따라 이급함수는 편미분의 순서를 바꾸어도 된다. 이급함수를 C^2 클래스에 속한다 하고, 간단히 $f \in C^2$로 쓴다.

정리 이계 편도함수 교환

함수 $f(x,y)$와 그 편도함수들 f_x, f_y, f_{xy}, f_{yx} 들이 한 점 근방에서 연속함수들이면, 그 점에서

$$\frac{\partial^2 f}{\partial y \partial x} = \frac{\partial^2 f}{\partial x \partial y}$$

2. 연쇄 법칙 Chain Rule

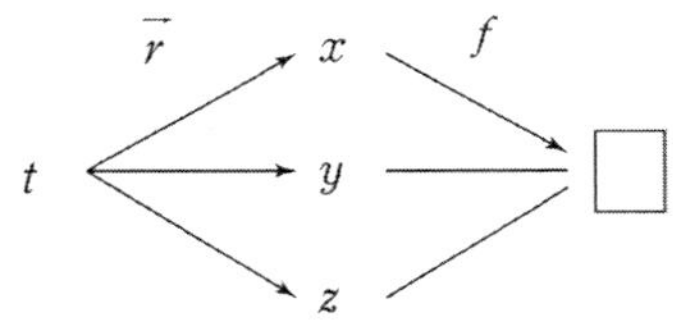

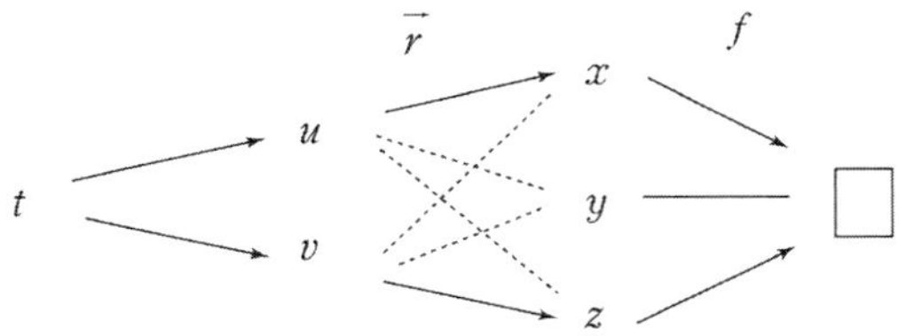

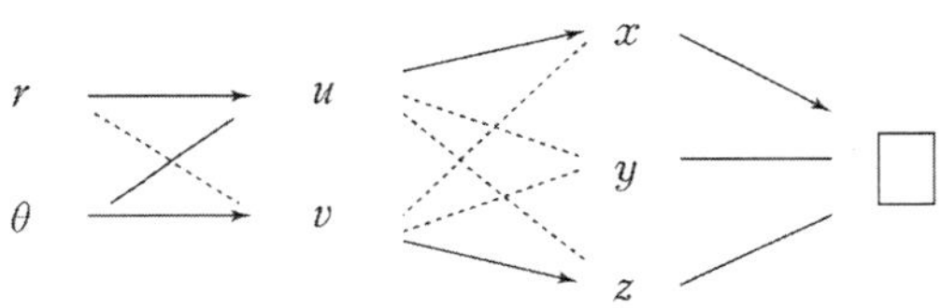

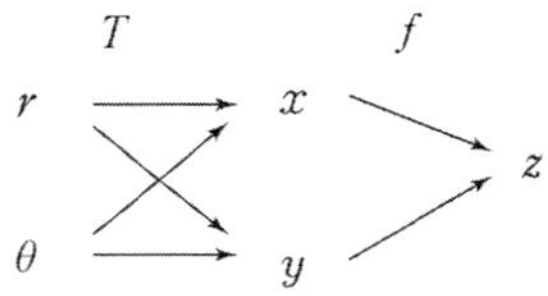

예를 들어 2변수 함수 $z=f(x,y)$를 평면(좌표) 변환 $T: R^2 \to R^2 \quad T: \begin{pmatrix} r \\ \theta \end{pmatrix} \mapsto \begin{pmatrix} x \\ y \end{pmatrix}$로 나타내면, 이는 합성 $z=f(x(r,\theta), y(r,\theta))$가 되어 f는 (r,θ)의 함수로 생각할 수 있다.

(공간)곡면 또는 그 상의 (공간)곡선 상에서 3변수 함수의 미·적분을 계산하는 일이 대부분이므로 그 **합성 형태**와 그에 따른 미분 공식의 **패턴을 강조**하기로 한다.

CASE 1. 공간곡선상의 다변수함수 미분

3변수 함수를 공간 곡선 $C: P(t)=(x(t), y(t), z(t))$ 에 제한하면 다음과 같다. 다음 정리는 앞으로 자주 나타나는 것이므로, 편의상 [곡선을 따른 미분법]이라 부르자. $C=C(t)$는 미분가능한 공간곡선이고, $f(x,y,z)$는 미분가능 함수일 때, 곡선 C를 따른 미분은 다음과 같다.

정리 곡선을 따른 미분법

$$\frac{d}{dt}[f(C(t))] = \nabla f(C(t)) \cdot C'(t)$$

증명 [부록] **다변수함수 f의 미분가능성 표현**[8)]을 나타내어 h로 나누면

$$\frac{f(C(t+h)) - f(C(t))}{h} = \frac{\nabla f(C(t)) \cdot (C(t+h) - C(t)) + o(|h|)}{h}$$

이므로 $h \to 0$일 때, 결과를 얻는다.[9)]

앞의 공식을 성분으로 고쳐 쓰면,

$$\frac{df}{dt} = \frac{\partial f}{\partial x}\frac{dx}{dt} + \frac{\partial f}{\partial y}\frac{dy}{dt} + \frac{\partial f}{\partial z}\frac{dz}{dt}$$

이고, 그 공식형태는 다음과 같이 화살표 다이어그램을 이용하여 살펴보기로 한다.

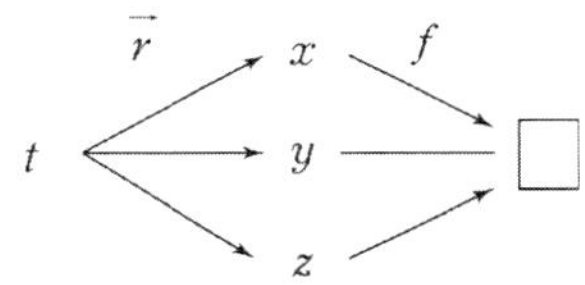

특히, 평면 곡선 $C: P(t) = (x(t), y(t))$ 상의 이변수 함수 $z = f(x, y)$ 를 제한하면 미분은 다음과 같다.

정리 평면곡선을 따른 미분

$z = f(x(t), y(t))$일 때,

$$\frac{dz}{dt} = \frac{\partial z}{\partial x}\frac{dx}{dt} + \frac{\partial z}{\partial y}\frac{dy}{dt}$$

CASE 2. 곡면상의 다변수함수 미분

앞에서의 곡면은

(1) **그래프 곡면** $z = f(x, y)$ 또는

---

8) **[부록] 미분가능성 표현** 참조.

9) 엄밀히 $o(\| C(t+h) - C(t) \|)$이나 본질적으로 $|h|$에 의존하므로 간단히 표기한 것이다. 한편 $little\ o(h)$라고 부르는 양은 h로 나눈 극한이 0.

(2) **등위곡면** $F(x,y,z)=0$ 의 형태로 나타냈다.

이를테면, 구면 $x^2+y^2+z^2=9$ 또는 $z=\pm\sqrt{9-(x^2+y^2)}$ 로 나타내는 것이다.10)
그런데 일반적으로 곡면은 다음과 같이

(3) **두 개의 매개변수**를 써서 나타낸다.

정 의

(매개변수 곡면과 **좌표조각 사상)** 매개변수 곡면 S는 함수 $r : D(\subseteq R^2) \to R^3$로 곡면 S상의 점

$$r(u,v) \in S$$
$$r(u,v)=(x(u,v),\, y(u,v),\, z(u,v)),\ \ (u,v)\in D$$

로 두 매개변수 u, v 로 나타낸 곡면이다.

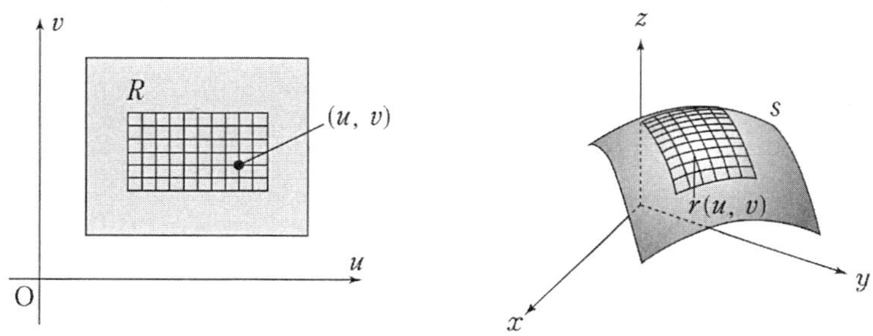

이 때, r을 **좌표조각 사상**(coordinate Patch mapping)이라 한다.11) (u,v)를 곡면 S의 매개변수라 한다.

미분 가능한 함수 $z=f(x,y)$에 대하여

$$S\colon r(x,y)=(x,y,f(x,y))$$

10) [음함수 정리]에 따라 $F_z \neq 0$일 때, 국소적으로 (1)의 형태로 나타난다. 실제로, $z>0$에서는 $z=\sqrt{9-(x^2+y^2)}$ (다변수 함수의 **[음함수 정리]**는 참고 도서 참조)

11) 일대일, **정칙사상**으로 제한한다.

로 나타내면,

$$x(x, y) = x,$$
$$y(x, y) = y,$$
$$z(x, y) = f(x, y)$$

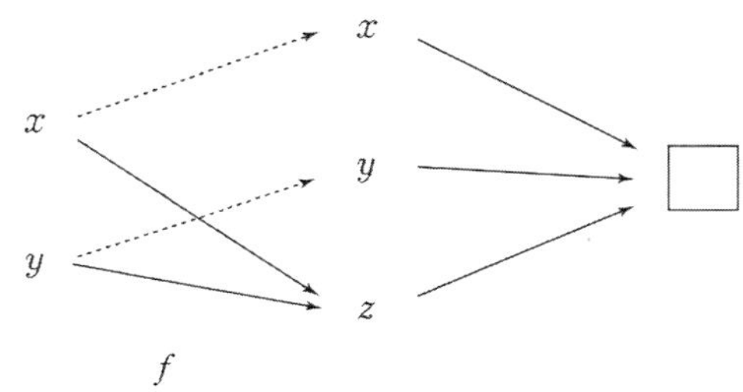

인 매개변수 곡면으로 볼 수 있다.[12)]

곡면상의 미분

정리해보면 곡면은 두 매개변수, 이를테면 u, v 를 이용하여

$$S : x = x(u, v), y = y(u, v), z = z(u, v), \quad (u, v) \in D \subseteq R^2$$

로 나타낸다. 이것을 **매개변수 곡면**이라 정의한다. 또, $f(x, y, z) = 0$로 주어지는 것을 **등위곡면**이라 한다. 한편, $z = f(x, y)$로 주어지는 곡면을 구별하여 **그래프 곡면**이라 한다. 따라서 곡면상의 미분에 대하여 변수간의 종속관계를 화살표로 나타내면 다음과 같이 여러 가지 상황이 있다.

(등위)곡면 S: $f(x, y, z) = 0$과 매개변수

$$0 = f_x x_u + f_y y_u + f_z z_u$$
$$0 = f_x x_v + f_y y_v + f_z z_v$$

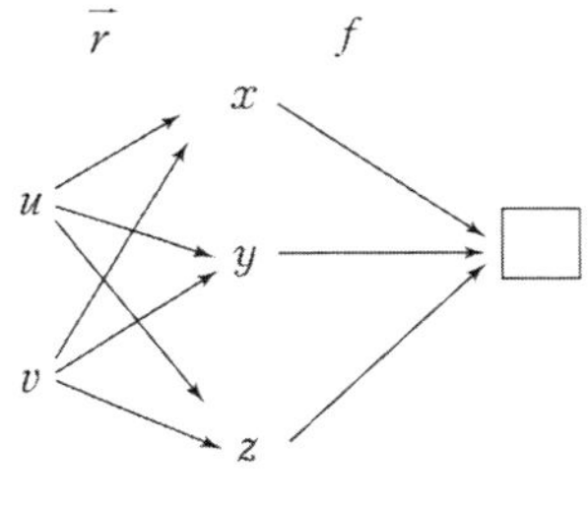

(정)사영가능 곡면 상의 미분

정 의

(등위)곡면 $f(x, y, z) = 0$이 그래프곡면 $z = z(x, y)$형태로 나타낼 수 있을 때, 곡면 $f(x, y, z) = 0$을 $xy-$**사영가능 곡면**이라 한다.

---

12) 이 형태를 **몽주** Monge **좌표조각 사상**이라 한다.

이를테면 , $x = x(y, z)$으로 나타나는 곡면 $f(x, y, z) = 0$을 $yz-$**사영가능 곡면**이라 한다.

정리

등위곡면 $f(x, y, z) = 0$에 대하여

(1) $xy-$사영가능 곡면일 경우, $z_x = -\dfrac{f_x}{f_z}$, $z_y = -\dfrac{f_y}{f_z}$

(2) $yz-$사영가능 곡면일 경우, $x_y = -\dfrac{f_x}{f_y}$, $x_z = -\dfrac{f_z}{f_x}$

증명 (2) $x = x(y, z)$로 나타낼 수 있고, 따라서 $f(x(y, z), y, z) = 0$이므로

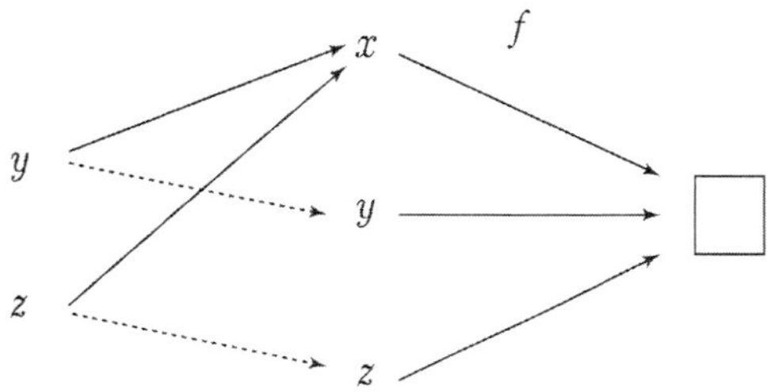

$$\frac{\partial}{\partial y} \Rightarrow \frac{\partial f}{\partial x}\frac{\partial x}{\partial y} + \frac{\partial f}{\partial y}\frac{dy}{dy} = 0$$

$$\frac{\partial}{\partial z} \Rightarrow \frac{\partial f}{\partial x}\frac{\partial x}{\partial z} + \frac{\partial f}{\partial z}\frac{dz}{dz} = 0$$

다변수함수를 합성할 때 각각의 미분가능성 표현을 합성하면, 그 합성함수의 미분가능성의 형태로 나타나고, 따라서 그 미분형태를 알 수 있다. 여기서는 다변수함수들의 합성함수의 미분공식 패턴만을 강조하기로 한다. 다변수의 합성 composition에 대한 미분 공식은 변수들의 종속관계를 분명히 하여 미분계산을 하여야 하므로, 화살표 다이어그램을 생각하여 계산하면 편리하므로 **연쇄법칙**(Chain rule)이라고도 한다.[13)]

정리 합성함수 미분법, $n \times m$경우

$z = g(y_1, y_2, \ldots, y_m)$, $y_j = f_j(x_1, x_2, \cdots, x_n)$ $(j = 1, 2, \cdots, m)$ 이 모두 미분가능하면,

합성함수

$$z = g(f_1(x_1, x_2, \cdots, x_n), f_2(x_1, x_2, \cdots, x_n), \cdots, f_m(x_1, x_2, \cdots, x_n))$$

도 미분가능이며,

13) **[부록] 미분가능성 표현**을 이용한 논증의 결과이다(참고도서 참조).

$$\frac{\partial z}{\partial x_i} = \sum_{j=1}^{m} \frac{\partial z}{\partial y_j} \cdot \frac{\partial y_j}{\partial x_i} \quad (i = 1, 2, \cdots, n)$$

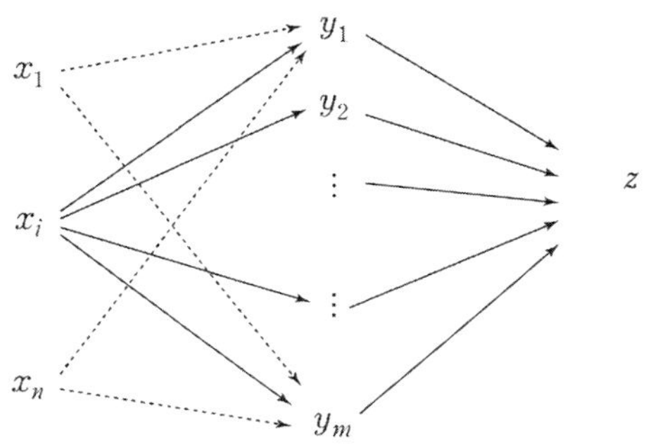

연습문제

• 연쇄법칙

1. $z = \dfrac{x-y}{1-y}$, $y = \dfrac{1}{x^2}$일 때, $\dfrac{dz}{dx}$를 구하라.

2. $x^3 + y^3 + z^3 + 3xyz = 0$일 때 $\dfrac{\partial z}{\partial x}$, $\dfrac{\partial z}{\partial y}$를 구하라

3. $\dfrac{x^2}{a^2} + \dfrac{y^2}{b^2} + \dfrac{z^2}{c^2} = 1$일 때, $\dfrac{\partial^2 z}{\partial x^2}$, $\dfrac{\partial^2 z}{\partial y^2}$, $\dfrac{\partial^2 z}{\partial x \partial y}$를 구하라.

4. $z = f(u, v)$, $\begin{cases} u = \varphi(u, v) \\ v = \psi(u, v) \end{cases}$ 일 때 $\dfrac{\partial^2 z}{\partial x^2}$, $\dfrac{\partial^2 z}{\partial y^2}$를 나타내어라.

5. $x^2 + y^2 + z^2 = a^2$, $lx + my + nz = b$일 때 $\dfrac{dy}{dx}$, $\dfrac{dz}{dx}$를 각각 구하여라.

해답 $\dfrac{dy}{dx} = \dfrac{lz - nx}{ny - mz}$, $\dfrac{dz}{dx} = \dfrac{mx - ly}{ny - mz}$

6. 일변수 함수 $F(x,y)=0$의 [음함수 미분법]을 다변수함수의 미분 [연쇄법칙]을 생각하여 공식화하여 나타내면 $\dfrac{dy}{dx}=-\dfrac{\left(\dfrac{\partial F}{\partial x}\right)}{\left(\dfrac{\partial F}{\partial y}\right)}$임을 보여라.

3. 기울기 벡터, 방향도함수 & 접평면

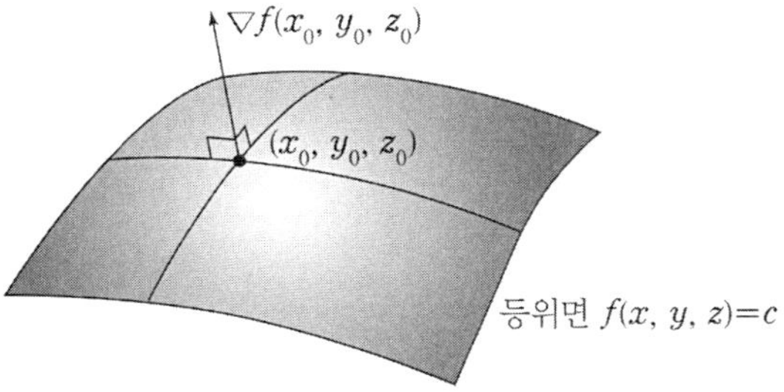

기울기 벡터

정 의

함수 $f(x,y)$에 대하여 벡터

$$\left(\frac{\partial f}{\partial x}, \frac{\partial f}{\partial y}\right)$$

를 함수 f의 **기울기 벡터**라 하고, 벡터기호 ∇f를 쓴다.[14)]

일반적으로, $n-$변수 함수 $f(x_1, x_2, \cdots, x_n)$의 기울기 벡터는 $\nabla f=\left(\dfrac{\partial f}{\partial x_1}, \dfrac{\partial f}{\partial x_2}, \cdots, \dfrac{\partial f}{\partial x_n}\right)$이다.

방향도함수 Directional Derivatives

간단히 표기하기 위하여 성분 대신 다음과 같이 벡터 기호를 사용한다. 벡터

---

14) *Grad* f로 쓰기도 한다. Gradient(기울기)의 앞부분을 따서 나타낸 것이다.
∇f(그레디언트$-f$)로 읽는다. 기호 $\nabla=\left(\dfrac{\partial}{\partial x}, \dfrac{\partial}{\partial y}\right)$로 $\nabla-$(미분)작용소의 벡터기호이다.

$H=(x-x_0, y-y_0)$로 쓰면, 점 $P(x_0, y_0)$에서 H 방향 직선은

$$C(t):\ P+tH=(x_0+t(x-x_0), y_0+t(y-y_0)),\ t\in R$$

이제 함수 $f(x,y)$를 이 직선에 제한한 합성 $f(P+tH)$에 대하여 다음과 같이 정의한다.

정 의

(H−방향 도함수)

$$D_H\ f(P)$$
$$=\lim_{t\to 0}\frac{f(C(t))-f(C(0))}{t}$$
$$=\lim_{t\to 0}\frac{f(P+tH)-f(P)}{t}$$

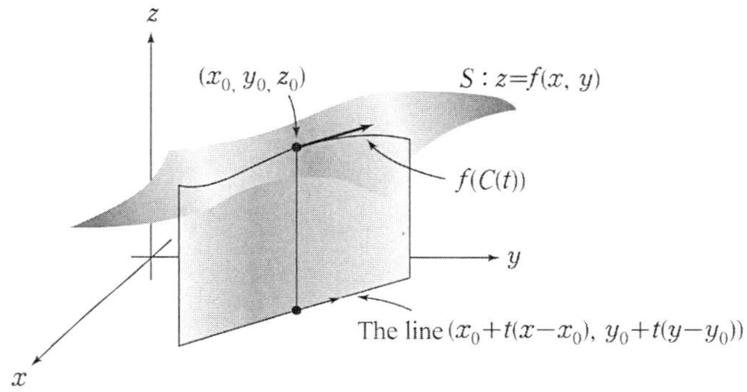

H−방향 도함수가 존재하면, 곡면 $z=f(x,y)$에 대하여 점 $P(x,y)$에서 곡면에 대한 H−방향 접선의 기울기를 나타내게 된다.

이제 계산이 가능한 식으로 고쳐보자. 그 계산공식이 다음과 같이 간단하다. 벡터기호로 $D_H\ f=H\cdot\nabla f$로 간단히 나타낼 수 있다.

정리 방향도함수 계산

$H=(h,k)$일 때

$$D_H\, f(x,y)=\ h\frac{\partial f}{\partial x}(x,y)+k\frac{\partial f}{\partial y}(x,y)$$

증명 $\displaystyle\lim_{t\to 0}\frac{f(P+tH)-f(P)}{t}=\lim_{t\to 0}\frac{f(x+th, y+tk)-f(x,y)}{t}$

[부록]의 다변수 함수 f의 **미분가능성 표현**에 따라

$$(\text{분자})=(th)\frac{\partial f}{\partial x}+(tk)\frac{\partial f}{\partial y}+o(\|tH\|)$$

에서 $\displaystyle\lim_{t\to 0}\frac{o(\|tH\|)}{t}=0$이므로

$$D_H f(x,y) = h\frac{\partial f}{\partial x} + k\frac{\partial f}{\partial y}$$

편미분계수는 축방향의 대표적 방향미분계수로 볼 수 있으며, 방향미분계수는 한 점에서 주어진 방향으로의 미분 계수를 구하는 것이다

예 제

편미분계수는 각 **축방향**도함수이다.

풀이 특별히, $H=(1,0)$ (x축 방향 단위벡터)로 택하면

$$\lim_{t\to 0}\frac{f(P+tH)-f(P)}{t} = \lim_{t\to 0}\frac{f(x+t,y)-f(x,y)}{t} = \frac{\partial f}{\partial x}$$

마찬가지로 $H=(0,1)$(y축 방향 단위벡터)로 택하면

$$\lim_{t\to 0}\frac{f(P+tH)-f(P)}{t} = \lim_{t\to 0}\frac{f(x,y+t)-f(x,y)}{t} = \frac{\partial f}{\partial y}$$

∇f - 방향의 기하적 의미

앞의 공식으로부터 $D_H f = H \cdot \nabla f$ (∇f의 H-방향성분)로부터,

$$D_H f = \| \nabla f \| \cos\theta$$

따라서

$$-\|\nabla f\| \le D_H f \le \|\nabla f\|$$

로 방향 도함수는 다음과 같다.

$D_H f$ 값의 범위

$\cos\theta = 1$ (즉, H가 ∇f -방향)	가장 큰 증가율 $\|\nabla f\|$
$\cos\theta = -1$ (즉, H가 ∇f-반대 방향)	가장 큰 감소율 $-\|\nabla f\|$

다음 정리는 자주 이용되는 것이다.

도움 정리

- ∇f는 **곡선** $f(x, y) = c$에 **수직**이다.
- ∇f는 **곡면** $f(x, y, z) = c$에 **수직**이다.

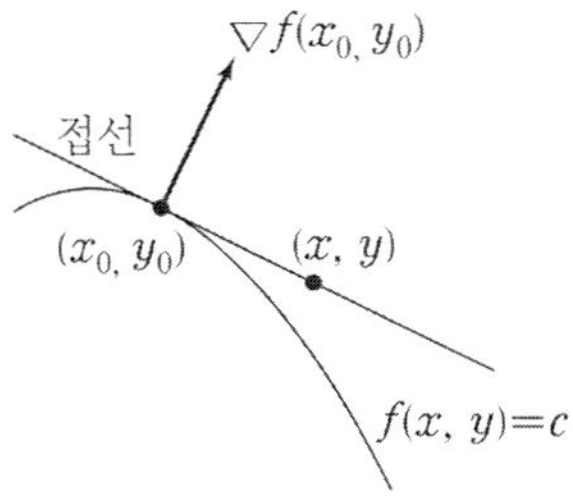

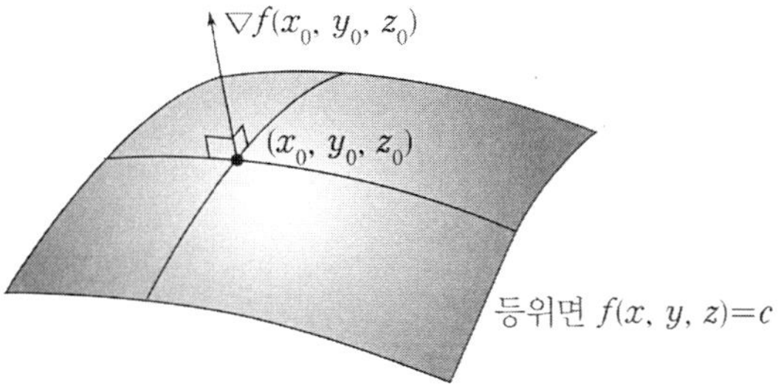

증명 곡면 $z = f(x, y)$의 $c-$**등위곡선**을 $P(t) = (x(t), y(t))$로 쓰면, $f(x(t), y(t)) = c$. **[곡선을 따른 미분법]**에 따라

$$\frac{\partial f}{\partial x} x' + \frac{\partial f}{\partial y} y' = 0$$

즉,
$$(x', y') \cdot \nabla f = 0$$

정리

점 $P(x, y)$에서 곡면 $z = f(x, y)$의 **가장 큰 변화율**을 얻으려면 (등위)곡선 $f(x, y) = c$에 대한 수직 방향인 $\nabla f = \left(\frac{\partial f}{\partial x}, \frac{\partial f}{\partial y}\right)$ 방향을 선택한다.

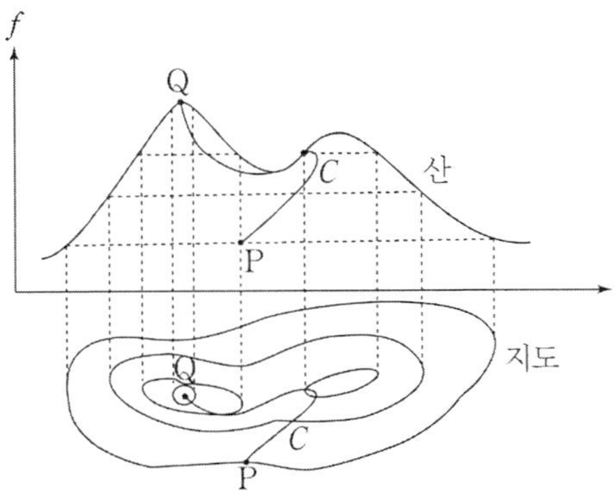

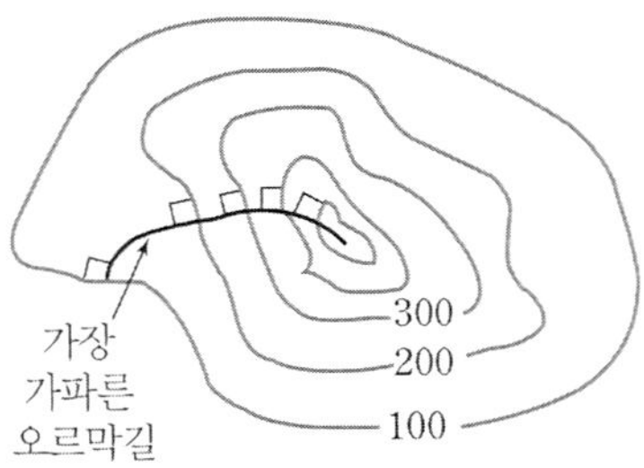

$n=3$일 때도, 같은 방법으로 결과는 같다.

예 제

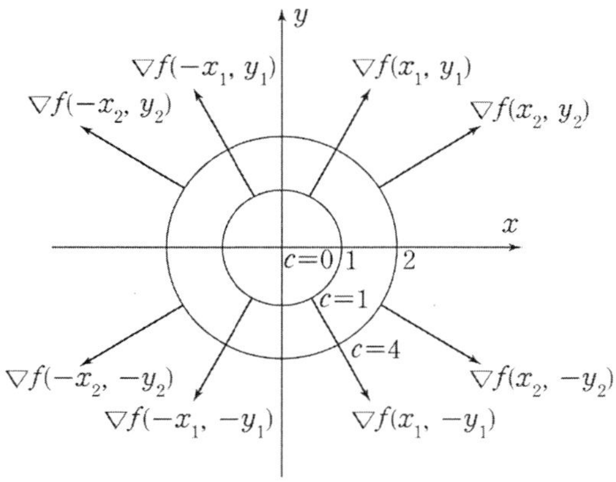

함수 $f(x,y)=x^2+y^2$의 등위선들은 동심원들 $x^2+y^2=C$이다.

$$\nabla f(x,y)=2x\,i+2y\,j=2\vec{r}\text{(위치벡터)}$$

즉, 각 점에서 기울기 벡터는 방사형(radial) 방향으로 동심원들에 수직이며 원점에서 멀어지면 그 크기가 점차 커지는 벡터장을 나타낸다.

예 제

공간 안의 가스 밀도가 함수 $\rho(x,y,z)=c\,e^{-(x^2+y^2+z^2)}$ (c 는 양의 상수)로 주어져 있다. 각 점 $\vec{r}=(x,y,z)$에서

(1) 어느 방향으로 밀도가 가장 빨리 증가하며, 그 증가율은 얼마인가? 또, 어느 방향으로 밀도가 가장 빨리 감소하는가?

(2) 각 축 방향으로의 밀도의 변화율은 얼마인가?

풀이 $\nabla\rho=-2c\,e^{-(x^2+y^2+z^2)}(x\,i+y\,j+z\,k)$

$$=-2\rho\,\vec{r}$$

기울기 벡터는 위치벡터 $\vec{r}$과 반대 방향이다. 따라서

(1) 밀도는 (**원점 향한 방향**) 쪽으로 가장 빨리 증가하며, 그 증가율의 크기는

$$\|\nabla\rho\|=2\rho\,r=2\rho\sqrt{x^2+y^2+z^2}$$

이며, (**원점 반대 방향**)으로 가장 빨리 감소한다.

(2) 각 축 방향 도함수는 각각 i,j,k 방향 도함수

$$D_i\,\rho=i\cdot\nabla\rho=-2x\rho\left(=\frac{\partial\rho}{\partial x}\right)$$

$$D_j \rho = j \cdot \nabla \rho = -2y\,\rho \left(= \frac{\partial \rho}{\partial y}\right)$$

$$D_k \rho = k \cdot \nabla \rho = -2z\,\rho \left(= \frac{\partial \rho}{\partial z}\right)$$

기울기 벡터와 접선, 접평면 Tangent plane

벡터 ∇f의 기하적 의미 때문에 접선 또는 접평면을 나타내는데 쓰인다. 앞 정리에서 ∇f가 등위곡선 또는 등위곡면에 수직인 벡터이므로, 이것을 이용하여 접선, 법선 또는 접평면의 식을 나타낼 수 있다.

예 제

데카르트 곡선 $x^3 + y^3 = 3xy$ 의 점 $P = \left(\frac{3}{2}, \frac{3}{2}\right)$에서의 접선을 구하여 보자.

풀이 데카르트 곡선은 $0-$등위곡선

$$f(x, y) = x^3 + y^3 - 3xy = 0$$

이다. 한편 점 P에서의 기울기 벡터

$$\nabla f = 3(x^2 - y,\ y^2 - x)|_P$$

는 $(1, 1)$과 나란하다. 기울기 벡터는 등위곡선에 항상 수직이므로, 점 P에서의 접선은 벡터 $(1, 1)$에 수직이다. 따라서 구하는 접선의 식

$$1 \cdot \left(x - \frac{3}{2}\right) + 1 \cdot \left(y - \frac{3}{2}\right) = 0,$$

$$\text{즉 } y = -x + 3$$

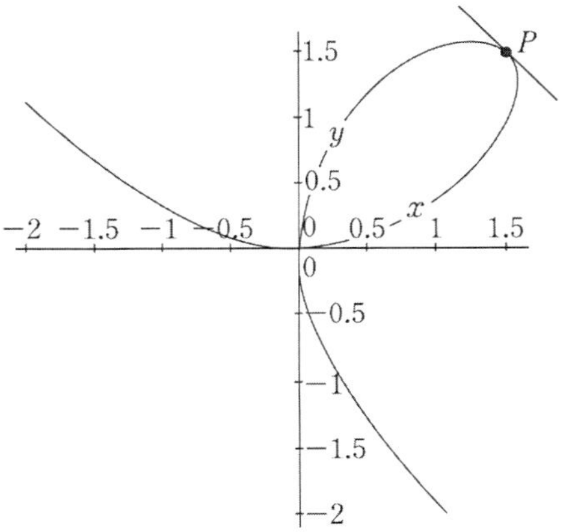

평면은 수직방향 벡터가 주어지면 나타낼 수 있으므로, 곡면의 **접평면**은 다음과 같다.

(곡면의 접평면) 정규 곡면 $S=\{X: f(X)=0\}$의 한 점 $P(x_0, y_0, z_0)$에서의 접평면의 벡터방정식

$$(X-P)\cdot\nabla f(P)=0$$

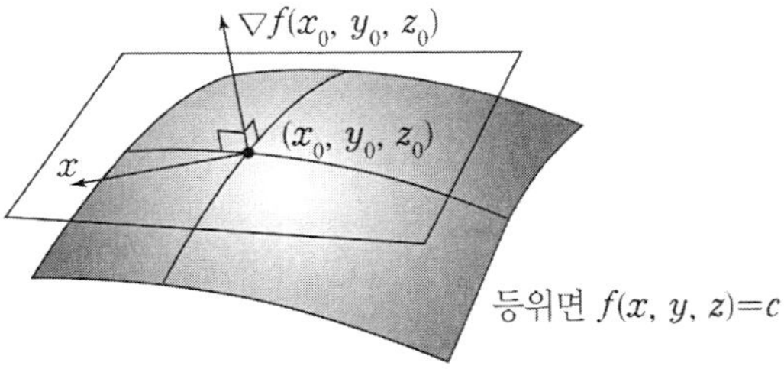

예제

점 $(1,2,3)$에서 곡면 $xy+yz+zx=11$의 접평면의 식을 구하자.

풀이 $f(x,y,z)=xy+yz+zx=11$ 에 대하여

$$\nabla f|_{(1,2,3)}=(y+z, x+z, x+y)|_{(1,2,3)}=(5,4,3)$$

은 등위곡면 $xy+yz+zx=11$에 수직이다. 따라서 접평면의 식은

$$5(x-1)+4(y-2)+3(z-3)=0$$

$$\text{즉, } 5x+4y+3z=22$$

(그래프)곡면의 접평면 (그래프)곡면 $z=f(x,y)$ 의 점 $P(x_0, y_0, z_0)$에서의 접평면

$$\left[\frac{\partial f}{\partial x}(x_0, y_0)\right]\cdot(x-x_0)+\left[\frac{\partial f}{\partial y}(x_0, y_0)\right]\cdot(y-y_0)-1\cdot(z-z_0)=0$$

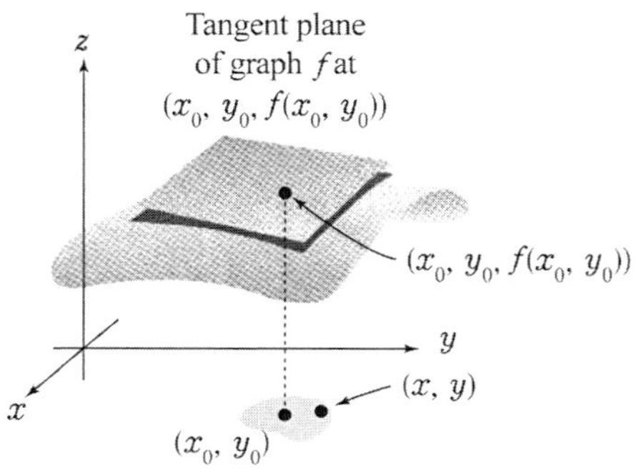

풀이 $z=f(x,y)$ 형태의 곡면 위의 점 $P(x_0, y_0, z_0)$에서의 접평면을 구하자.

$$F(x,y,z)=f(x,y)-z=0$$

로 쓰면. $\nabla F(P)$ 가 점 P에서 곡면(0－등위면)에 수직인 벡터이다.

$$\nabla F=(f_x, f_y, -1)$$

이므로 접평면의 식은

$$(x-x_0)\frac{\partial f}{\partial x}(x_0, y_0)+(y-y_0)\frac{\partial f}{\partial y}(x_0, y_0)+(z-z_0)(-1)=0$$

즉,

$$z-z_0=(x-x_0)\frac{\partial f}{\partial x}(x_0, y_0)+(y-y_0)\frac{\partial f}{\partial y}(x_0, y_0)$$

따라서 특히, 곡면의 임계점에 대하여 (우변)$=0$. 즉, **임계점에서의 접평면**의 식은 $z-z_0=0$, 즉 $z=z_0$로 **수평면**이 된다.15)

따름 정리 임계점에서의 접평면

$$z=z_0(\text{수평면})$$

예 제

곡면 $z=3xy-x^3-y^3$ 위의 어느 점에서 접평면이 수평을 이루는지 구하자.

풀이 $f(x,y)=3xy-x^3-y^3$로 나타내면, 곡면 $z=f(x,y)$에 대해 그 접평면이 수평면이 되려면

$$\frac{\partial f}{\partial x}=3y-3x^2=0,\ \frac{\partial f}{\partial y}=3x-3y^2=0$$

이 되는 점이므로, 이것을 풀면 점 $(0,0), (1,1)$.

15) $\nabla f(P)=\vec{0}$인 점 P를 f의 **임계점** critical point라 한다. [다변수 함수 극값] 단원 참조.

(전)미분과 접평면

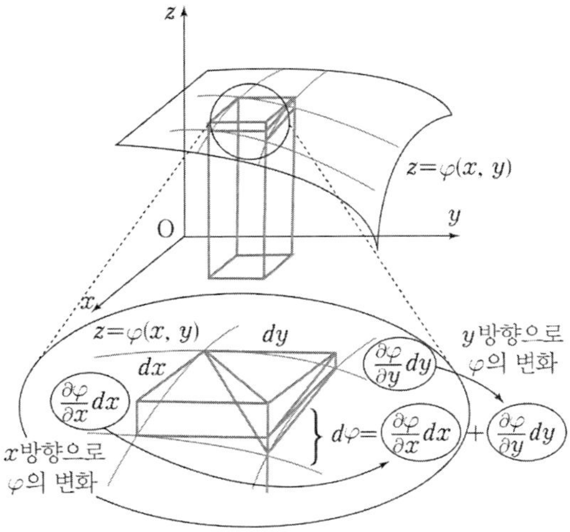

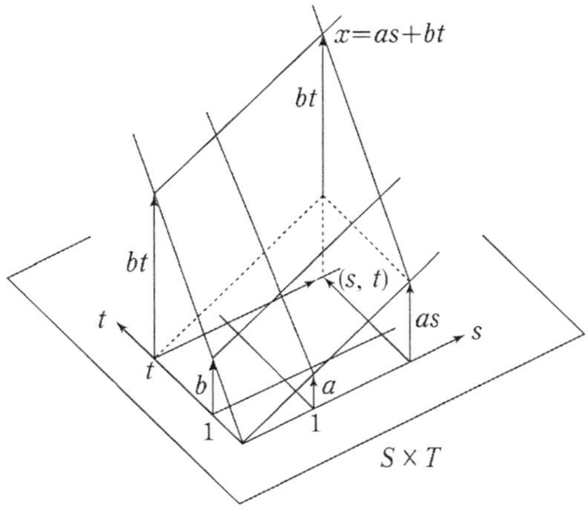

이변수함수 $z=\varphi(x,y)$의 미분 dz(또는 $d\varphi$)는 기호로

$$dz = \frac{\partial\varphi}{\partial x}dx + \frac{\partial\varphi}{\partial y}dy$$

로 나타내고 전(全) **미분**(total) differential이라 한다.

예 제

$z=x^2 cos\ y$의 전미분을 나타내자

풀이 $dz = 2x\cos y\ dx + x^2(-\sin y)\,dy = (2x\cos y)\,dx + (-x^2\sin y)\,dy$

예 제

어떤 기체의

부피: V, 압력 : P, 온도 : T

사이에는 $P=k\frac{T}{V}$라는 공식이 있다. 이제, 온도 측정 과정에서 0.5%의 오차, 부피측정 과정에서 0.7% 의 오차가 있을 때, 압력 측정에서 생길 수 있는 최대 오차의 %의 최댓값을 구하자.

풀이 P의 오차를 $\triangle P$라 하면 상대오차의 절댓값 $\dfrac{|\triangle P|}{P}$. 한편 측정 과정에서 발생되는 온도 T의 오차를 $\triangle T$라 하면, $\dfrac{|\triangle T|}{T}=0.005$, 그리고 부피 V의 오차를 $\triangle V$라 하면, $\dfrac{|\triangle V|}{V}=0.007$이므로,

$$\begin{aligned}|\triangle P| &= \left|\frac{\partial P}{\partial T}\triangle T+\frac{\partial P}{\partial V}\triangle V\right| \\ &= \left|\frac{k}{V}\triangle T+(-\frac{kT}{V^2})\triangle V\right| \\ &\leq \left|\frac{k}{V}(0.005T)\right|+\left|\frac{kT}{V^2}(0.007V)\right| \\ &= \left|\frac{kT}{V}\right|0.005+\left|\frac{kT}{V}\right|0.007 \\ &= 0.0012\left|\frac{kT}{V}\right|(=0.0012P)\end{aligned}$$

즉, 구하는 상대오차의 한계

$$\frac{|\triangle P|}{P}=0.012,\ \text{즉}\ 1.2\%$$

연습문제

• 기울기벡터, 방향도함수

1. $f(x,y,z)=(x+z)e^{x-y}$에 대하여 $\nabla f(1,1,1)$을 구하라.

2. 함수 f의 주어진 점 P에서의 기울기벡터 $\nabla f(P)$를 구하라

(1) $f(x,y)=e^x\ ln\ y,\ ,\ P=(1,e)$

(2) $f(x,y,z)=xy+yz+zx,\ P=(1,1,1)$

3. 전열판 위의 온도가 함수 $T(x, y) = e^x \cos y + e^y \cos x$로 주어져 있다. 원점에서 온도의 증가율이 가장 빠른 방향과 온도의 증가율을 구하라.

4. 두 함수 $f(x, y) = xy$, $g(x, y) = x^2 + 4y^2$에 대하여

(1) 기울기벡터 ∇f, 기울기벡터 ∇g를 구하라

(2) 두 점 $(2, 1)$, $(-2, -1)$에서는 두 기울기벡터가 같은 방향임을 보여라.

(3) 두 점 $(2, -1)$, $(-2, 1)$에서는 두 기울기벡터가 반대 방향임을 보여라.

5. 데카르트 곡선 $x^3 + y^3 = 3xy$ 의 점 $P = \left(\frac{3}{2}, \frac{3}{2}\right)$에서 접선의 식을 구하라. (힌트) 접선 벡터는 $f(x, y) = x^3 + y^3 - 3xy$에 대한 기울기 벡터 ∇f에 수직

해답 $1\left(x - \frac{3}{2}\right) + 1\left(y - \frac{3}{2}\right) = 0$

6. 곡면 $z = x^2 + y^3$ 위의 점 $(3, 1, 10)$에서 접평면의 식을 구하라.

해답 $z = 6x + 3y - 11$

7. 곡선 $C(t) = \frac{1}{2}t^2 i + \frac{4}{t} j + \left(\frac{1}{2}t - t^2\right)k$ 는 곡면 $f(x, y, z) = x^2 - 4y^2 - 4z = 0$와 점 $(2, 2, -3)$에서 만난다. 교각의 크기가 $\cos^{-1}\left(\frac{19}{414}\sqrt{138}\right)$임을 보여라.

(힌트) $\cos\theta = \frac{C'}{\| C \|} \cdot \frac{\nabla f}{\| \nabla f \|}$

8. 함수 $f(x, y) = 4x - 2y$에 대하여 점 $(2,\ 4)$에서 곡선 $y = x^2$의 x증가 방향으로의 방향도함수를 구하여라.

(힌트) 접선 방향 $(1, y')$

해답 $\frac{-4}{\sqrt{17}}$

[부록] 다변수 함수의 미분가능성 표현

미분계수 $\lim_{x \to x_0} \frac{f(x)-f(x_0)}{x-x_0} = L$이 존재할 때 함수 f는 x_0에서 미분가능하면 $L = f'(x_0)$로 나타낸다. 이것을 풀어 쓰면

$$\frac{f(x)-f(x_0)}{x-x_0} - L = \epsilon \,(\text{단, } \epsilon \to 0 \;\; as \;\; x \to x_0)$$

로 나타낼 수 있다. 따라서

$$\begin{aligned} |\,f(x)-[f(x_0)+L\,(x-x_0)]\,| &= \epsilon\,|x-x_0| \\ &= o(|h|),\;\; h = x - x_0 \end{aligned}$$ [16)]

> **[미분가능성 표현]** 함수 f가 $o(|h|)$에 속하는 어떤 양과 L이 존재하여
>
> $$f(x) = f(x_0) + Lh + o(\,|h|),$$
>
> 로 나타낼 수 있으면 f는 x_0에서 미분가능하며, $L = f'(x_0)$

이렇게 나타내면 나눗셈 표현이 제거된 미분가능성을 나타낼 수 있어, 다변수 함수의 미분가능성 정의로 쓰인다.

정 의

(다변수함수의 미분가능성)[17)]

$$f(X+H) = f(X) + L \cdot H + o(\,\|H\|\,)$$

일 때, f는 X에서 미분가능하며 $L = Df(X)$ 또는 $f'(X)$로 나타낸다.

함수 $f: R^n \to R$가 X에서 미분가능하면, 실제로 $f'(X)$의 형태는 기울기 벡터 ∇f 임

---

16) $\lim_{h \to 0} \frac{g}{|h|} = 0$일 때 $g \in o(|h|)$로 나타낸다. little-o라고 읽는다. 따라서 $\epsilon \cdot |x - x_0| \in o(|x - x_0|)$.

17) 이 표현을 이용하여 **공간곡선을 따른 미분법** 유도한 것이다. 합성함수 미분법 (**체인룰**)의 공식 등 이 표현을 이용하여 결과를 얻는 것이다.**(참고도서 참조)**

을 알 수 있다. 그 논증은 생략하기로 한다. (참고도서 참조)

기본 정리

$$f(X+H)-f(X)=\nabla f(X)\cdot H+o(\|H\|)$$

이를테면, 함수 $f(x,y)=x^2+y^2$ 에 대하여 $X=(x,y)$, $H=(h,k)$로 쓰면

$$\begin{aligned} f(X+H)-f(X) &= f(x+h,y+k)-f(x,y) \\ &= [(x+h)^2+(y+k)^2]-[x^2+y^2] \\ &= 2xh+2yk+h^2+k^2 \\ &= (2x,2y)\cdot(h,k)+o(\|H\|) \end{aligned}$$

여기서 $(2x,2y)=\nabla f$ 임을 알 수 있다. 한편 $h^2+k^2=o(\|H\|)$. 왜냐하면

$$\frac{h^2+k^2}{\sqrt{h^2+k^2}}=\sqrt{h^2+k^2}\to 0$$

참고 다변수 **벡터함수** $f: R^n \to R^m$은 **성분함수** $f_i : R^n \to R$를 이용하여

$$f\begin{pmatrix} x_1 \\ \vdots \\ x_n \end{pmatrix}=\begin{pmatrix} f_1(x_1,\cdots,x_n) \\ \vdots \\ f_m(x_1,\cdots,x_n) \end{pmatrix}$$

로 쓸 수 있고, 각 **성분함수** $f_i : R^n \to R$ $(i=1,2,\cdots,m)$가 **미분가능**일 때 $f: R^n \to R^m$가 미분가능이다, 실제로, 앞의 **[기본 정리]**를 이용하여 종합하면,

$$f'(X)=\begin{pmatrix} \nabla f_1 \\ \vdots \\ \nabla f_m \end{pmatrix}$$

(좌표)성분으로 나타내면 아래와 같이 $f'(X)\in M_{m\times n}$[18])

$$f'(X)=\begin{pmatrix} \dfrac{\partial f_1}{\partial x_1} & \cdots & \dfrac{\partial f_1}{\partial x_n} \\ \vdots & \vdots & \vdots \\ \dfrac{\partial f_m}{\partial x_1} & \cdots & \dfrac{\partial f_m}{\partial x_n} \end{pmatrix}$$

18) 기호 $M_{m\times n}$은 그 크기(행 row이 m개, 열 column이 n개)인 행렬의 집합을 나타낸다.

$$= \left(\frac{\partial f_i}{\partial x_j} \right)_{m \times n}$$

특히 $m = n$인 경우 $f'(X) \in M_n$로 정사각행렬 a square matrix이 되고 이것을 f의 **야코비 행렬** Jacobi matrix라 하고, 기호로 Jf로 쓴다.**(다변수함수 극값 단원, 중적분 단원 참조)**

4. Lagrange 미정계수법

곡면 $S : g(x, y, z) = 0$상에 제한한 함수 $w = f(x, y, z)$의 최댓값 $\underset{S}{Max}\ f$, 최솟값 $\underset{S}{Min}\ f$을 생각해 보자. 이 때 곡면 S를 **제한 집합**(constraints)이라고 한다.

정리 라그랑주 Lagrange 미정계수법

곡면 $S : g(x, y, z) = 0$ 상의 점 $P(a, b, c)$에서 함수 f가 최대(최소)값을 갖는다면

$$\nabla f(P) = \lambda \nabla g(P)$$

가 되는 실수 λ 가 존재한다. 단, $\nabla g(P) \neq \vec{0}$

따라서 [라그랑주 미정계수법]은 앞의 식과 $g(P) = 0$ 로부터 실수 λ 와 점 P 가 결정된다는 것이다.[19] 간단한 **기하적인 증명**은 다음과 같다.

[기하적 증명] $\underset{S}{Max}\ f = f(P)$라 하면, 점 $P \in S$ 를 지나는 곡면상의 곡선을

$$C(t) = (x(t), y(t), z(t)),\ \ C(t_0) = P$$

상에 제한한 함수 f는

$$f(C(t)) = f(x(t), y(t), z(t))$$

는 t의 함수로 $t = t_0$ 에서 최댓값을 갖게 되므로

---

19) 여기서 실수 λ를 **라그랑주 승수**(Lagrange Multiplier)라 한다.

$$\frac{d}{dt}[f(C(t))]_{t=t_0}=0$$

그런데, **곡선을 따른 미분법**

$$\frac{d}{dt}[f(C(t))]=\nabla f(C(t))\cdot C'(t)$$

로부터

$$\nabla f(P)\cdot C'(t_0)=0$$

그런데 $C'(t)$는 곡면 S의 P점에서 임의의 접벡터이므로, P점에서

$\nabla f(P)$는 곡면 S의 접평면에 수직

즉, 곡면 S에 수직이다. …①

한편,

기울기벡터 $\nabla g(P)\neq\vec{0}$는 항상 등위곡면 S에 수직…②

임을 앞에서 배웠다. 따라서 $\nabla g(P)$ 와 $\nabla g(P)$는 평행인 벡터가 되어

$$\nabla f(P)=\lambda\,\nabla g(P)$$

가 되는 실수 λ가 존재한다.

예 제

단위원 $x^2+y^2=1$ 상에서 함수 $f(x,y)=x^2-y^2$ 의 최댓값을 구하여 보자.

풀이 **(대수적 풀이)** $x^2+y^2=1$, 그리고 $(2x,-2y)=\lambda(2x,2y)$ 를 만족하는 점 (x,y) 를 찾으면 된다.

$x=\lambda x$, $-y=\lambda y$ 즉, $x(1-\lambda)=0$, $y(1+\lambda)=0$로부터

(1) $x=0$인 경우 $x^2+y^2=1$에서 $y=\pm 1$ 마찬가지로,

(2) $y=0$인 경우 $x^2+y^2=1$에서 $x=\pm 1$

참고 **(기하적 풀이)** ∇f와 ∇g이 평행인 곳을 찾으면 된다.
(단, $g(x, y) = x^2 + y^2$)
이제 그림을 살펴보면 두 벡터는 점 $(\pm 1, 0)$, $(0, \pm 1)$에서만 평행하므로 **라그랑주 미정계수법**에 따라
$f(\pm 1, 0) = 1$로 최대,
또 $f(0, \pm 1) = -1$로 최소

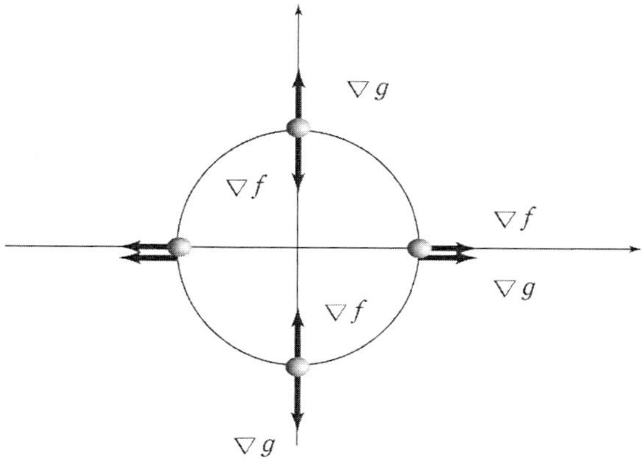

벡터의 크기는 모두 2.(방향만 강조)

예제

$x^3 + y^3 + z^3 = 1$, $x, y, z \geq 0$일 때 함수 $f(x, y, z) = xyz$의 최댓값을 구하자.

풀이 $g(x, y, z) = x^3 + y^3 + z^3 - 1$이라 놓으면, $g(x, y, z) = 0$
또, $\nabla f = (yz, zx, xy)$, $\nabla g = (3x^2, 3y^2, 3z^2)$에서

$$yz = \lambda(3x^2),\ xz = \lambda(3y^2),\ xy = \lambda(3z^2)$$

x, y, z를 각각 순서대로 곱하면,

$$xyz = \lambda(3x^3) = \lambda(3y^3) = \lambda(3z^3)$$

즉, $$\lambda x^3 = \lambda y^3 = \lambda z^3.$$

$\lambda = 0$인 경우, $xyz = 0$이므로 x, y, z 셋 중 하나는 0이 되고, $f = 0$으로 최댓값이 아니다.

$\lambda \neq 0$ 인 경우, $x^3 = y^3 = z^3$. 그런데 $x, y, z \geq 0$ 이므로 $x = y = z$. 한편 $g(x, y, z) = 0$ 에 대입하면 $x = y = z = \frac{1}{\sqrt[3]{3}}$ 일 때이고,

$$\text{최댓값 } f\left(\sqrt[3]{\frac{1}{3}}, \sqrt[3]{\frac{1}{3}}, \sqrt[3]{\frac{1}{3}}\right) = \frac{1}{3}$$ [20)]

20) $x^3 + y^3 + z^3 = 1$와 f의 대칭성 때문에 $x = y = z$일 때 극값을 가진다.

라그랑주 방정식 $\nabla f = \lambda \nabla g$를 외적방정식

$$\nabla f \times \nabla g = \vec{0}$$

으로 나타낼 수 있다. 이변수 함수 $f(x, y), g(x, y)$에 대해서는

$$\frac{\partial f}{\partial x}\frac{\partial g}{\partial y} - \frac{\partial f}{\partial y}\frac{\partial g}{\partial x} = 0$$

이므로, **(등위곡선 상의) 이변수함수**의 최대, 최솟값을 구하는 데 편리하다.

예 제

단위원 $x^2 + y^2 = 1$ 상에서 함수 $f(x, y) = xy$의 최댓값을 구하자.

풀이 $g(x, y) = x^2 + y^2 - 1 (= 0)$로 두고,

$$\frac{\partial f}{\partial x}\frac{\partial g}{\partial y} - \frac{\partial f}{\partial y}\frac{\partial g}{\partial x} = 0$$

즉, $$y(2y) - x(2x) = 0$$

을 만족하면서, $x^2 + y^2 - 1 = 0$ 상의 점이므로 네 개의 점 $\left(\pm \frac{1}{\sqrt{2}}, \pm \frac{1}{\sqrt{2}}\right)$.

실제로, f의 최댓값 $\frac{1}{2}$, 최솟값 $-\frac{1}{2}$.

연습문제

• 라그랑주 미정계수법

1. 원 $x^2 + y^2 = 1$에서 xy의 최대값과 최소값을 구하라.

2. 쌍곡선 $xy = 1$에서 $x^2 + y^2$의 최소값을 구하라.

3. 타원 $g(x, y) = x^2 + 4y^2 - 8 = 0$ 상에서의 함수 $f(x, y) = xy$ 가 최대가 되는 점, 최소가 되는 점을 모두 구하라.

해답 $(\pm 2, \pm 1)$

4. 공간의 각 점에서 온도 분포가 $T(x, y, z) = 400xyz^2$일 때, 단위구면 $x^2 + y^2 + z^2 = 1$ 상에서 온도가 가장 높은 점을 구하라.

해답 $T(\frac{1}{2}, \frac{1}{2}, \frac{\sqrt{2}}{2}) = 50$

5. 세 종류의 다른 상품을 제조하는 업체에서 순이익P는 각 상품의 물량이 x, y, z일 때, $P(x, y, z) = 2x + 8y + 24z$이라 한다. 조건 $x^2 + 2y^2 + 4z^2 = 4500$에 맞추어 생산한다고 할 때 최대이익을 구하라.

해답 900

6. (공식, 부등식에 대한 다른 증명) 라그랑주 미정계수법을 이용하여 유도하라.

(1) 공간의 한 점에서 평면까지 거리공식

(힌트) $Ax + By + Cz = D$일 때, $d^2 = (x-a)^2 + (y-b)^2 + (z-c)^2$의 최소

(2) 평면의 한 점에서 직선까지 거리공식

(3) 절대부등식 $\sqrt[3]{xyz} \le \frac{x+y+z}{3}$ (단, $x, y, z \ge 0$).

(힌트) $x + y + z = a$일 때, $\sqrt[3]{xyz}$의 최대값을 구하라.

5. 다변수 함수 극값과 Hessian

일변수 함수가 미분계수 $f' = 0$인 점에 대하여, f''의 부호로 극대, 극소를 판정하였듯이, 다변수함수일 때, 극대, 극소를 판정하는 방법을 알아보자.

정 의

(극대와 극소) $f(X)$가 X_0에서 극대라는 것은

X_0의 **(미소) 근방**[21)]의 모든 X에 대하여 $f(X_0) \geq f(X)$

$f(X)$가 X_0에서 극소라는 것은

X_0의 **(미소) 근방**의 모든 X에 대하여 $f(X_0) \leq f(X)$

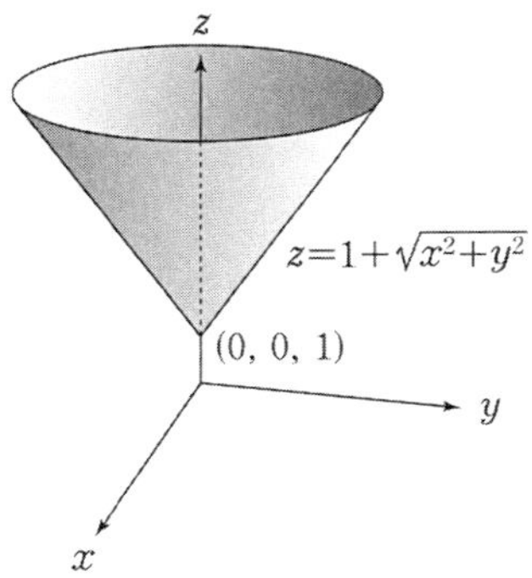

극대 relative maximum, 극소 relative minimum를 합쳐서 **극값**이라 한다.

$f(x, y) = 1 + \sqrt{x^2 + y^2}$은 그림으로부터 원점에서 극솟값을 가지나, $\frac{\partial f}{\partial x}(0, 0)$, $\frac{\partial f}{\partial y}(0, 0)$가 정의되지 않음을 알 수 있다. 즉, 원점에서 극값을 가지나 ∇f가 정의되지 않는 경우이다.

참고 다변수 함수 $f(X)$가 X_0에서 극값을 가지면 $\nabla f(X_0) = \vec{0}$ 또는 **정의되지 않는다**.

정 의

(임계점 Critical Point)

$\nabla f(X_0) = \vec{0}$이 되는 점 X_0을 f의 **임계점**이라 한다.[22)]

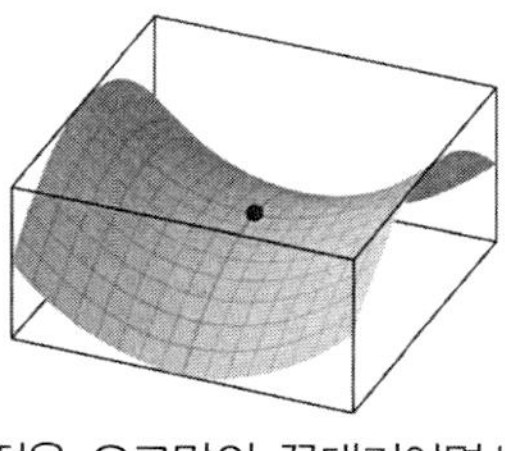

점은 오르막의 꼭대기이면서
동시에 내리막의 바닥

임계점 중에서 그림과 같이 극대도 극소도 아닌 점을 **안장점**(saddle point)이라 한다.

이변수 함수의 극대·극소 판정에 대한 수학적 논증을 피하고 여기서는 기억하기 쉬운 형태로 간단히 이해하기로 하자.

21) X_0의 δ−근방(a δ−neighborhood of X_0)은 집합 $\{X \mid \|X - X_0\| < \delta\}$이고, 기호로 $N_\delta(X_0)$로 나타낸다. $\delta(>0)$값이 충분히 작을 때, **(미소)근방**이라 하자.

22) 임계점은 다변수함수의 **극값을 주는 후보**가 된다.

극대, 극소의 판정

점 $P(x_0, y_0)$가 함수 $f(x,y)$의 임계점(즉. $\frac{\partial f}{\partial x}(x_0,y_0)=\frac{\partial f}{\partial y}(x_0,y_0)=0$)일 때, **[부록]을 보면** 2변수 함수 (2차)테일러 전개식 Taylor expansion은

$$f(x,y)=f(x_0,y_0)+\frac{1}{2!}\left[\frac{\partial^2 f}{\partial x^2}(C)(x-x_0)^2+2\frac{\partial^2 f}{\partial y\partial x}(C)(x-x_0)(y-y_0)+\frac{\partial^2 f}{\partial y^2}(C)(y-y_0)^2\right]\}$$

즉,

$$f(x,y)-f(x_0,y_0)=\frac{1}{2!}\left[\frac{\partial^2 f}{\partial x^2}(C)(x-x_0)^2+2\frac{\partial^2 f}{\partial y\partial x}(C)(x-x_0)(y-y_0)+\frac{\partial^2 f}{\partial y^2}(C)(y-y_0)^2\right]\cdots\bigstar$$

가 되어 **(우변)의 부호**가 극대, 극소를 결정함을 알 수 있다. (우변)은 $(x-x_0),(y-y_0)$에 대한 2차 동차식이다. 따라서 임계점이 **극대, 극소, 또는 안장점**(극대도 극소도 아님)임을 판정하기 위해서 **2차동차식의 부호판정**이 필요하다.

참고 대표적인 표준형 2차동차식은 다음과 같다. 앞에서 배운 다변수함수의 그래프를 참조한다.[23]

$q(x,y)= xy$ $\qquad$ $q(x,y)=x^2+y^2$ $\qquad$ $q(x,y)=-x^2-y^2$

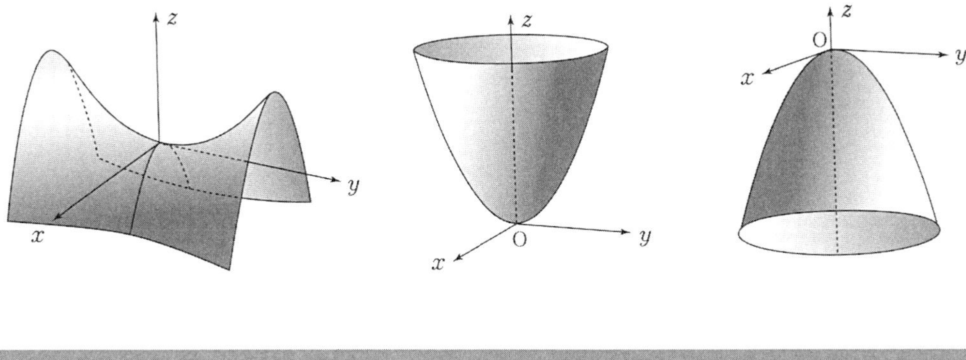

도움 정리 2차동차식의 부호

2차동차식 $Q(x,y)=ax^2+2bxy+cy^2$

(1) $ac-b^2>0$ 인 경우$a>0$ 이면 $Q(x,y)\geq 0$, 즉 $Q(x,y)$는 양(부호)곡면

23) 첫 번째 그래프 곡면과 비슷한 그래프를 갖는 2차동차식은 $q(x,y)=x^2-y^2$가 있다.

$a < 0$ 이면 $Q(x, y) \leq 0$, 즉 $Q(x, y)$는 음(부호)곡면

(2) $ac - b^2 < 0$인 경우

$Q(x, y)$는 양곡면도 음곡면도 아니다. 즉, 부정(부호)곡면이 된다.

흐름을 잃지 않기 위하여 **(1) 이변수 함수 이차식 전개 (2) 2차동차식의 부호**의 논증에 대해서는 **단원 끝으로 미루기로 한다.**

2차동차식의 행렬곱(2차 형식)[24)]

기억하기 쉽도록 **행렬곱을 이용한 표현**이 편리하다. 우선, 2차동차식은 다음과 같이 행렬곱으로 나타낼 수 있다. 즉,

$$ax^2 + 2bxy + cy^2 = (x, y)\begin{bmatrix} a & b \\ b & c \end{bmatrix}\begin{pmatrix} x \\ y \end{pmatrix}$$

로 쓸 수 있는데, 대칭행렬 symmetric matrix $A = \begin{pmatrix} a & b \\ b & c \end{pmatrix}$의 행렬식 determinant $|A| = b^2 - ac$의 부호가 앞의 **[도움정리]**의 판정조건에 해당한다.

예 제

임계점$(0, 0)$은 $q(x, y) = x^2 + 2xy - y^2$의 안장점이다.

풀이 $x^2 + 2xy - y^2 = x^2 + \dfrac{2}{2}xy + \dfrac{2}{2}yx - y^2$

$$= (x, y)\begin{pmatrix} 1 & \dfrac{2}{2} \\ \dfrac{2}{2} & -1 \end{pmatrix}\begin{pmatrix} x \\ y \end{pmatrix}$$

대칭행렬 $A = \begin{pmatrix} 1 & 1 \\ 1 & -1 \end{pmatrix}$의 행렬식은 $-2\ (< 0)$이므로, $(0, 0)$은 안장점

되돌아가서, 2변수함수 $f(x, y)$의 테일러 (이차)전개식(★)에 대하여 이와 같은 표현을 이용하면 **[도움정리]**의 판별조건은

24) 선형대수 Linear Algebra 참조.

$$det\begin{pmatrix} \frac{\partial^2 f}{\partial x^2} & \frac{\partial^2 f}{\partial x \partial y} \\ \frac{\partial^2 f}{\partial y \partial x} & \frac{\partial^2 f}{\partial y^2} \end{pmatrix} = \frac{\partial^2 f}{\partial x^2} \cdot \frac{\partial^2 f}{\partial y^2} - \left(\frac{\partial^2 f}{\partial x \partial y}\right)^2$$

의 부호에 해당하게 된다.[25)]

정리 이변수함수의 극대·극소 판정법

함수 $f(x, y)$가 이급함수일 때 점 $P(x_0, y_0)$가 f의 **임계점**일 때, 점 P에서[26)]

(1) $det\begin{pmatrix} \frac{\partial^2 f}{\partial x^2} & \frac{\partial^2 f}{\partial x \partial y} \\ \frac{\partial^2 f}{\partial y \partial x} & \frac{\partial^2 f}{\partial y^2} \end{pmatrix} > 0$일 때

$\frac{\partial^2 f}{\partial x^2} > 0$이면 $f(P)$가 극소

$\frac{\partial^2 f}{\partial x^2} < 0$이면 $f(P)$가 극대

(2) $det\begin{pmatrix} \frac{\partial^2 f}{\partial x^2} & \frac{\partial^2 f}{\partial x \partial y} \\ \frac{\partial^2 f}{\partial y \partial x} & \frac{\partial^2 f}{\partial y^2} \end{pmatrix} < 0$일 때,

$f(P)$는 극대도 극소도 아님

---

25) $det\begin{pmatrix} \frac{\partial^2 f}{\partial x^2} & \frac{\partial^2 f}{\partial x \partial y} \\ \frac{\partial^2 f}{\partial y \partial x} & \frac{\partial^2 f}{\partial y^2} \end{pmatrix}$는 f의 헤스 Hess 행렬의 행렬식으로 **헤샨**(Hessian)이라 하고, 기호로 H_f로 쓴다.

중적분 단원 참조.

26) **[주의]** 식(★)의 점 C 아닌 중심점 P(임계점)에서의 판정으로 가능하다(해설은 참고도서 참조).

연습문제

• 임계점, 극값

1. 다음 함수의 임계점을 모두 구하여 극대, 극소, 안장점(극대도 극소도 아닌 점)으로 분류하라.

(1) $f(x, y) = 2x^2 + y^2 - xy - 7y$

해답 임계점 (1,4) 극소

(2) $f(x, y) = y^2 - xy + 2x + y + 1$

해답 임계점 (5,2) 안장점

• 제한 영역 상에서 극값

2. 단위원의 내부와 경계 상에서 함수 $f(x, y) = \frac{x^2}{4} - \frac{y^2}{9}$에 대하여 다음을 구하라.

(1) 임계점을 찾아라.

(2) 극값을 찾아라.

(3) 최대값과 최소값을 찾아라.

(**힌트** : 원의 내부에서는 헤샨 행렬식 H_f로 극값 판별, 경계인 원주 상에서의 극값은 [라그랑주 미정계수법]으로 구하여 비교)

[부록] 이변수함수의 이차식 전개

다변수 함수를 **두 점을 잇는 선분 경로에 제한한**, 매개변수에 대한 일변수 함수 전개를 이용하는 것이다. 여기서는 간단히 이변수 함수에 대하여 다루기로 한다.

정리 이변수함수의 Taylor 이차전개식

$f(x,y)$가 **이급함수**일 때[27)]

$$f(x,y)=f(x_0,y_0)+\frac{\partial f}{\partial x}(x_0,y_0)\cdot(x-x_0)+\frac{\partial f}{\partial x}(x_0,y_0)\cdot(y-y_0)+R$$

나머지(함수) remainder

$$R=\frac{1}{2!}\left\{\frac{\partial^2 f}{\partial x^2}(C)(x-x_0)^2+2\frac{\partial^2 f}{\partial x\,\partial y}(C)(x-x_0)(y-y_0)+\frac{\partial^2 f}{\partial y^2}(C)(y-y_0)^2\right\}$$

가 되는 적당한 점 C 가 존재한다.[28)]

증명 두 점 $X(x,y)$, $P(x_0,y_0)$을 잇는 선분의 경로 $C:\ C(t)=P+t(X-P)$, $t\in[0,1]$에 이변수 함수 $f(x,y)$를 제한한

$$g(t)=f(x_0+t(x-x_0),\ y_0+t(y-y_0)),\ t\in[0,1]$$

g는 t의 함수로, $g(1)$을 $t=0$을 중심으로 한 Taylor 전개

$$g(1)=g(0)+g'(0)\cdot(1-0)+\frac{1}{2!}g^{(2)}(t_0)\cdot(1-0)^2,\ 0<t_0<1\ \cdots\bigstar$$

각 항의 계산은 다음과 같다.

$$g(1)=f(x,y)\ ,\ g(0)=f(x_0,y_0)\ \cdots①$$

$$g'(t)=\frac{\partial f}{\partial x}\cdot\frac{d}{dt}(x+t(x-x_0))+\frac{\partial f}{\partial y}\cdot\frac{d}{dt}(y_0+t(y-y_0))$$
$$=(x-x_0)\frac{\partial f}{\partial x}+(y-y_0)\frac{\partial f}{\partial y}$$

즉, $$g'(0)=(x-x_0)\frac{\partial f}{\partial x}(x_0,y_0)+(y-y_0)\frac{\partial f}{\partial y}(x_0,y_0)\ \cdots②$$

반복하면, $$g''(t)=(x-x_0)\frac{d}{dt}\left[\frac{\partial f}{\partial x}\right]+(y-y_0)\frac{d}{dt}\left[\frac{\partial f}{\partial y}\right]\ \cdots③$$

---

27) f의 이계 편도함수들이 모두 연속이다. 기호로 $f\in C^2$.

28) $C=(x_0+c(x-x_0),\ y_0+c(y-y_0))$로 선분 $\overrightarrow{PX}$ 상의 점이 된다.

여기서

$$\frac{d}{dt}\left[\frac{\partial f}{\partial x}\right]=\frac{\partial}{\partial x}\left(\frac{\partial f}{\partial x}\right)\frac{d}{dt}(x_0+t(x-x_0))+\frac{\partial}{\partial y}\left(\frac{\partial f}{\partial x}\right)\frac{d}{dt}(y_0+t(y-y_0))$$

$$=\frac{\partial^2 f}{\partial x^2}\cdot(x-x_0)+\frac{\partial^2 f}{\partial x\partial y}\cdot(y-y_0)$$

마찬가지로

$$\frac{d}{dt}\left[\frac{\partial f}{\partial y}\right]=\frac{\partial}{\partial x}\left(\frac{\partial f}{\partial y}\right)\frac{d}{dt}(x_0+t(x-x_0))+\frac{\partial}{\partial y}\left(\frac{\partial f}{\partial y}\right)\frac{d}{dt}(y_0+t(y-y_0))$$

$$=\frac{\partial^2 f}{\partial y\partial x}\cdot(x-x_0)+\frac{\partial^2 f}{\partial y^2}\cdot(y-y_0)$$

그런데 함수 $f(x,y)$가 **이급함수**이면, $\frac{\partial^2 f}{\partial x\partial y}=\frac{\partial^2 f}{\partial y\partial x}$이므로, ③에 대입하여 정리하면

$$g^{(2)}(t)=\frac{\partial^2 f}{\partial x^2}\cdot(x-x_0)^2+2\frac{\partial^2 f}{\partial x\partial y}\cdot(x-x_0)(y-y_0)+\frac{\partial^2 f}{\partial y^2}\cdot(y-y_0)^2$$

여기서 $t=t_0$를 대입하면 점 $P(x_0,\,y_0)$와 점 $X(x,y)$를 잇는 선분상의 어떤 점 C에서 편도함수들의 값으로 나타낸 것이다.[29)]

[참고] 2차동차식의 부호

도움 정리 2차동차식의 부호

2차동차식 $Q(x,y)=ax^2+2bxy+cy^2$

(1) $ac-b^2>0$일 때, $a>0$이면 $Q(x,y)\geq 0$

$a<0$이면 $Q(x,y)\leq 0$

(2) $ac-b^2<0$일 때 $Q(x,y)$는 **극대도 극소도 아니다**.[30)]

29) $C=(x_0+t_0(x-x_0),\ y_0+t_0(y-y_0))$로 선분 $\overline{PX}$상의 한 점.

30) $Q(0,0)=0$을 중심으로 곡면 $Q(x,y)$가 말안장 형태이다. 따라서 이러한 점을 **안장점**(Saddle Point)이라 한다.(단원 앞 그림 참조)

증명 (1) $a \neq 0$인 경우,

$$Q = a\left(x + \frac{b}{a}y\right)^2 - \frac{b^2}{a}y^2 + cy^2$$
$$= a\left(x + \frac{b}{a}y\right)^2 + \frac{(ac-b^2)}{a}y^2$$

로 고쳐 쓸 수 있으므로,

$a > 0$, $ac - b^2 > 0$인 경우 (우변) ≥ 0, 즉 $Q(x, y)$는 양곡면

$a < 0$, $ac - b^2 > 0$인 경우 (우변) ≤ 0, 즉 $Q(x, y)$는 음곡면

이므로, $(0, 0)$은 각각 극소, 극대점임을 알 수 있다.

(2) $ac - b^2 < 0$인 경우에 **다음 3가지**로 나누어 살펴본다.

(경우1) $a \neq 0$일 때

2차동차식을 앞과 같이 묶어 쓰면,

$x + \frac{b}{a}y = 0$ 이 되는 (x, y)쌍에 대하여

$$Q = \frac{(ac-b^2)}{a}y^2 \quad \cdots ①$$

그런데

$(1, 0)$에 대해서는

$$Q(1, 0) = a \cdot 1^2 + 2b \cdot 1 \cdot 0 + c \cdot 0^2 \ (= a) \quad \cdots ②$$

따라서 $ac - b^2 < 0$일 때 ①, ②를 비교하면, 부호가 다름을 알 수 있다. 즉, 순서쌍의 선택에 따라 부호가 바뀐다.

(경우2) $c \neq 0$인 경우, Q를 c의 묶음으로 쓰고 앞 방법을 모방하여 결과를 얻는다.

(경우3) $a = c = 0$인 경우,

$$Q = 2b\,xy$$

가 되어 (x, y)쌍의 선택에 따라 부호가 바뀌는 것이 명백하다.

memo

제3부

다변수 적분

Chapter 05 중적분

$$\iint_R f\ dA = \int_c^d \left(\int_a^b f(x,y)\,dx \right) dy = \int_a^b \left(\int_c^d f(x,y)\,dy \right) dx$$

1. 이중적분

(다)중적분은 적분변수가 두 개 이상인 적분을 뜻한다. 중적분은 영역의 넓이, 부피, 곡면의 넓이 등을 계산하는데 쓰인다. 간단한 영역상의 중적분에서부터 일반 곡선으로 둘러싸인 영역 상의 중적분을 다룬다. 앞에서 배운 일변수 함수의 정적분 계산이 중요한 도구로 쓰인다.

$R = [a, b] \times [c, d]$ **상의 (이)중적분**

R 상의 이변수 연속함수 $f(x, y)$의 (이)중적분은, 기호로 간단히

$$\iint_R f\ dA$$

로 쓰는데, **다음과 같이 정의한다. 정적분의 정의를 참고하기로 한다.**

$$\text{분할 } P : \begin{cases} x_0 = a & < x_1 < \cdots < x_i < x_{i+1} < \cdots < b = x_n \\ y_0 = c & < y_1 < \cdots < y_j < y_{j+1} < \cdots < d = y_m \end{cases}$$

에 대하여 nm개의 작은 사각형 R_{ij}를 생각하여,

$$\triangle A_{ij} = \triangle x_i \triangle y_j = (x_{i+1} - x_i)(y_{j+1} - y_j)$$

이고, 한 점 $C_{ij} = (x_i^*, y_j^*) \in R_{ij}$를 임의로 선택하여

$$f(C_{ij}) \triangle A_{ij}$$

는 편의상 $f \geq 0$인 그래프 곡면 a surface $z = f(x, y)$이라 할 때, 사각형 R_{ij} 위에 세운 사각기둥의 부피 volume를 나타낸다.

$\sum_{j=1}^{m}\sum_{i=1}^{n} f(x_i^*, y_j^*)\triangle A_{ij}$, 간단히 $\sum_{i,j} f(x_i^*, y_j^*)\triangle A_{ij}$를 **리만 합** a Riemann Sum이라 하며, R 은 **(닫힌) 유계영역** 상에서 $f(x, y)$는 **연속함수**인 경우 그 극한은 존재하게 된다. 흐름을 놓치지 않기 위하여 **증명은 생략한다.**

리만합의 극한이 정의되면 이것을 R 상의 $f(x, y)$의 **(이)중적분** double integral이라 하고, 기호로 간단히

$$\int\int_R f \ dA$$

로 쓴다. 즉,

$$\int\int_R f \ dA = \lim_{n, m \to \infty} \sum_{i,j} f(x_i^*, y_j^*) \triangle A_{ij}$$

여기서 $\sum_{i,j}$ 의 **이중합** double sum은

$$\sum_{j=1}^{m}\left(\sum_{i=1}^{n} f \triangle x_i\right)\triangle y_j$$

또는

$$\sum_{i=1}^{n}\left(\sum_{j=1}^{m} f \triangle y_j\right)\triangle x_i$$

처럼 순서를 정한 것은 아님을 주의한다.

반복적분 repeated(iterated) integrals

중적분에서 합의 순서를 정하여

$$\sum_{j=1}^{m}\left(\sum_{i=1}^{n} f(x_i^*, y_j^*)\triangle x_i\right)\triangle y_j \ \overrightarrow{n\to\infty} \ \sum_{j=1}^{m}\left(\int_a^b f(x, y_j^*)\, dx\right)\triangle y_j$$

$$\overrightarrow{m\to\infty} \ \int_c^d \left(\int_a^b f(x, y)\, dx\right) dy$$

또는

$$\sum_{i=1}^{n}\left(\sum_{j=1}^{m} f(x_i^*, y_j^*)\triangle y_j\right)\triangle x_i \ \overrightarrow{m\to\infty} \ \sum_{i=1}^{n}\left(\int_c^d f(x_i^*, y)\, dy\right)\triangle x_i$$

$$\xrightarrow[n \to \infty]{} \int_a^b \left(\int_c^d f(x, y)\, dy \right) dx$$

가 된다. 이 때, 닫힌 영역 R 상에서 연속함수 $f(x, y)$일 때, 각각의 합은 일변수 함수의 정적분 definite integral이 되어 각각 존재한다. 이것을 중적분의 **반복적분** repeated (iterated) integral이라고 한다.

$$\int_c^d dy \int_a^b f(x, y)\, dx = \int_c^d \int_a^b f(x,y) dx\, dy$$

또는

$$\int_a^b dx \int_c^d f(x, y)\, dy = \int_a^b \int_c^d f(x,y)\, dy\, dx$$

로 쓰기도 한다.

2. 이중 적분의 계산

후비니 Fubini 정리에 따르면, 연속함수의 **중적분**과 두 가지 **반복적분**의 개념이 **모두 같다**는 것이다. 따라서 (이)중적분을 정적분을 반복하여 두 번 하는 것으로 쉽게 할 수 있음을 알 수 있다.

사각형 영역 $R = [a, b] \times [c, d]$ 위에서 정의된 함수 $f(x, y)$가 연속이면, 다음 정리가 성립한다.

정리 후비니 정리 Fubini

$$\iint_R f\ dA = \int_c^d \left(\int_a^b f(x, y)\, dx \right) dy = \int_a^b \left(\int_c^d f(x,y)\, dy \right) dx$$

예 제

$R = [-1, 1] \times [1, 2]$에서 함수 $f(x, y) = 6x^2y + 4y^3$의 (이)중적분을 두 가지 반복적분으로 계산하여라.

풀이 $\int_{-1}^{1}\int_{1}^{2}(6x^2y+4y^3)\,dy\,dx = \int_{-1}^{1}\left[3x^2y^2+y^4\right]_{y=1}^{2}dx = \left[3x^3+15x\right]_{x=-1}^{1} = 36$

$\int_{1}^{2}\int_{-1}^{1}(6x^2y+4y^3)\,dx\,dy = \int_{1}^{2}\left[2x^3y+4xy^3\right]_{x=-1}^{1}dy = \left[2y^2+2y^4\right]_{y=1}^{2} = 36$

따라서

$$\iint_R (6x^2y+4y^3)\,dA = 36$$

카발리에리 Cavalieri 적분 원리는 "두 도형의 단면이 각각 같으면 그 적분은 같다"는 것이다. 본질적으로 간단히 부피를 단면적의 적분으로 본 것이다.[1)] 이제 후비니 Fubini 정리를 이러한 관점으로 살펴보자.

곡면 $z=f(x,y)$와 R로 둘러싸인 공간 영역의 부피는 카발리에리 원리로 이해하면,

(1) (우변)의 첫 번째 항은

$$\int_c^d\left(\int_a^b f(x,y)\,dx\right)dy = \int_c^d S(y)\ dy$$

로 쓰면

$$S(y) = \int_a^b f(x,y)\,dx$$

는 x 방향 **단면적 (함수)**이므로, 부피는 이것을 y에 대해 적분하는 것이다. 마찬가지로,

(2) 순서를 바꾼 (우변)의 두 번째 항은

$$\int_a^b\left(\int_c^d f(x,y)\,dy\right)dx = \int_a^b S(x)\ dx$$

로 쓰면

$$S(x) = \int_c^d f(x,y)\ dy$$

는 y 방향 **단면적 (함수)**를 나타내므로, 구하는 부피는 이것들을 x에 대해 적분하는 것이다.

회전체의 부피 공식에서 회전체의 경우는 **단면적 함수** $S(x)$를 구하기 쉬운 경우이다. 회

1) 수학사 자료 참고

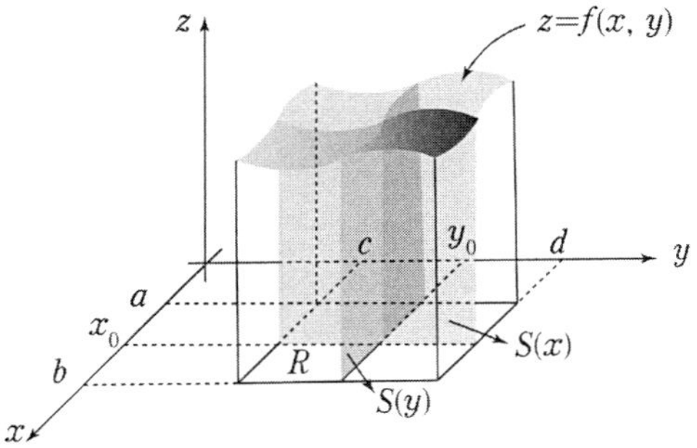

전체가 아닌 입체도형일지라도 그 단면적 함수를 구하기 쉬운 경우는 그 부피를 쉽게 구할 수 있다.

어떤 영역상의 다중적분은 그 영역을 분할하여 그 상에서 임의의 함수 값을 그 분할 량에 곱한 부분합의 극한으로 정의하였다. 한편 반복적분은 다중 적분을 각 변수에 대하여 순차적으로 정적분을 하는 것이다. 그런데, **후비니 정리**에 따르면 연속함수의 다중적분은 반복적분들과 같다는 것이다. 즉, 각 변수에 대한 적분 순서에 상관없다는 것이다. 후비니 정리는 일반적 영역에서도 성립한다.

경계가 곡선으로 주어진 영역 상의 중적분

[고안 정의] 경계가 x의 함수로 나타나는 영역을 $x-$사영가능 $x-$projectable, 경계가 y의 함수로 나타나는 영역을 $y-$사영가능 $y-$projectable이라 한다.[2)]

(1) 영역 $\Omega = \{ a \le x \le b, \quad \phi_1(x) \le y \le \phi_2(x) \}$로 나타나는 경우,

$$\int\int_D f\, dA = \int_a^b \int_{\phi_1(x)}^{\phi_2(x)} f(x, y)\, dy\, dx$$

(2) 영역 $\Omega = \{ c \le y \le d, \quad \phi_3(y) \le x \le \phi_4(y) \}$로 나타나는 경우

$$\int\int_\Omega f\, dA = \int_c^d \int_{\phi_3(y)}^{\phi_4(y)} f(x, y)\, dx\, dy$$

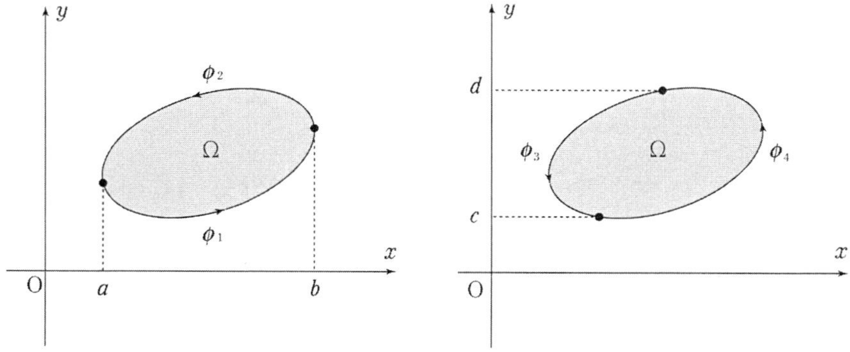

2) 앞으로는 편의상 두 가지 모두 가능한 영역을 **표준영역** standard region이라 한다. **사영가능 영역**은 경계를 각 변수의 함수로 나타낼 수 있어 반복적분이 편리하다.

예 제

평면 $y=0$, $z=0$, $x=0$, 그리고 $x+y+z=1$로 둘러싸인 삼각뿔의 부피를 구하자.

풀이

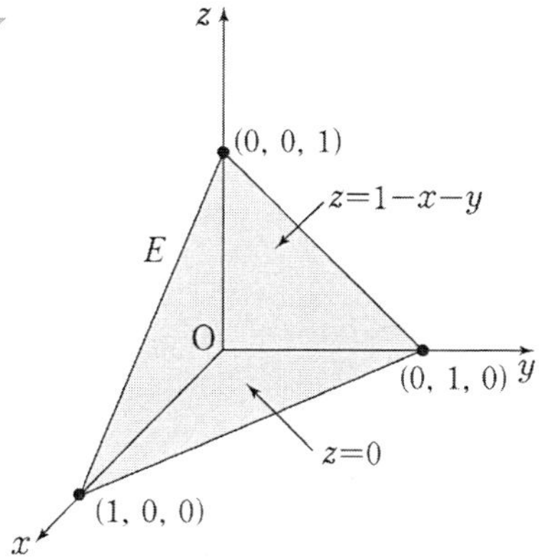

(a)

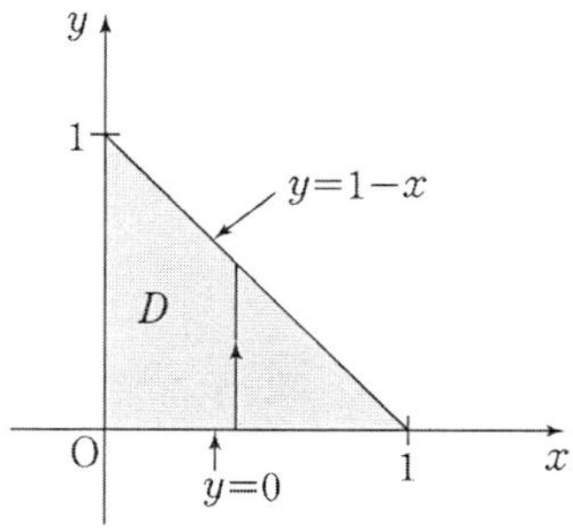

(b)

$$\iint_D (1-y-x)\,dA = \int_0^1 \int_0^{1-x} (1-y-x)\,dy\,dx$$

$$= \int_0^1 \left[(1-x)y - \frac{y^2}{2}\right]_{y=0}^{1-x} dx$$

$$= \int_0^1 \left[\frac{(1-x)^2}{2}\right] dx = \frac{1}{6}$$

또는

$$\iint_D (1-y-x)\,dA = \int_0^1 \int_0^{1-y} (1-y-x)\,dx\,dy = \frac{1}{6}$$

예 제

영역 $R=\{y \le x \le 1,\ 0 \le y \le 1\}$ 상의 중적분 $\iint_R e^{-x^2}\,dA$를 계산하자.

풀이 주어진 영역은 $R=\{0 \le y \le x,\ 0 \le x \le 1\}$로 쓸 수 있으므로, 적분순서를 바꾸어 다음 반복적분으로 계산할 수 있다.

$$\int_0^1 \int_0^x e^{-x^2}\,dy\,dx = \int_0^1 e^{-x^2}\,[y]_{y=0}^{y=x}\,dx$$

$$= \int_0^1 xe^{-x^2}\,dx$$

$$= \left[-\frac{1}{2}e^{-x^2}\right]_0^1 \left(= \frac{1}{2} - \frac{1}{2e}\right)^{3)}$$

예 제

반복적분 $\int_0^1 \int_{y^{\frac{1}{3}}}^1 6\sqrt{1+x^4}\,dx\,dy$를 구하여 보자

풀이 적분순서를 바꾸면,

$$(\text{구하는 적분}) = \int_0^1 \int_0^{x^3} 6\sqrt{1+x^4}\,dy\,dx$$

$$= \int_0^1 6x^3\sqrt{1+x^4}\,dx,\ 1+x^4 = t\text{로 치환하면}$$

$$= \int_1^2 \frac{3}{2}\sqrt{t}\,dt = \frac{3}{2}\frac{2}{3}t^{\frac{3}{2}}|_1^2 = 2\sqrt{2}-1$$

두 곡면 사이의 부피

두 곡면 $z = f(x, y)$, $z = g(x, y)$, $(x, y) \in D$ 로 둘러싸인 입체의 부피는

$$V = \iint_D \left(z_{\text{위쪽}} - z_{\text{아래쪽}}\right) dA$$

로 구할 수 있다.

예 제

포물기둥면 $z = 4 - y^2$ 과 타원포물면 $z = x^2 + 3y^2$ 으로 둘러싸인 입체의 부피를 구해 보자.

풀이 $\Omega_{xy} = \left\{-2 \le x \le 2,\ -\frac{1}{2}\sqrt{4-x^2} \le y \le \frac{1}{2}\sqrt{4-x^2}\right\}$

상의 위쪽 곡면 $z_{\text{위쪽}} = 4 - y^2$, 아래쪽 곡면 $z_{\text{아래쪽}} = x^2 + 3y^2$ 이므로

3) $f(x, y) = e^{-x^2}$은 x에 대한 원시함수가 없으므로 적분 순서를 바꾼 반복적분으로 구한 것이다.

$$V=\int_{-2}^{2}\int_{-\frac{\sqrt{4-x^2}}{2}}^{\frac{\sqrt{4-x^2}}{2}}\left[(4-y^2)-(x^2+3y^2)\right]\,dy\,dx\ (=4\pi)$$

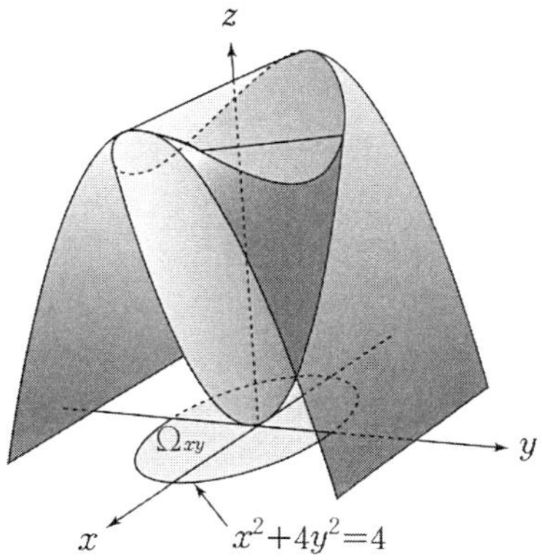

예 제

두 포물면 $z=8-x^2-y^2$과 $z=x^2+y^2$ 로 둘러싸인 입체의 부피를 구하여 보자.

풀이 $V=\int_{-2}^{2}\int_{-\sqrt{4-x^2}}^{\sqrt{4-x^2}}\left[(8-x^2-y^2)-(x^2+y^2)\right]dy\,dx=4\pi$

연습문제

• 중적분과 반복적분

1. 다음에 답하라.

(1) $\int_0^1 dy\int_y^1 (x^2+y^2)\,dx$ 을 구하라

해답 $\frac{1}{3}$

(2) $\int_0^1 dx\int_0^x (x^2+y^2)\,dy$ 를 적분순서를 바꾼 식으로 나타내어라.

2. 다음에 답하라.

(1) $\int_0^1 dx \int_{x^2}^{x} (x+y)\, dy$을 구하라.

해답 $\frac{3}{20}$

(2) $\int_0^1 dy \int_y^{\sqrt{y}} (x+y)\, dx$를 적분순서를 바꾼 식으로 나타내어라.

3. 다음 적분을 구하라.

(1) $\int_0^2 dy \int_{\frac{y}{2}}^1 e^{-x^2}\, dx$

해답 $1-\frac{1}{e}$

(2) $\int_0^1 dy \int_y^1 sin\ x^2\, dx$

해답 $\frac{1}{2}-\frac{1}{2}cos\ 1$

(3) $\int_0^1 \int_{y^{\frac{1}{3}}}^1 6\sqrt{1+x^4}\, dx\, dy$

해답 $2\sqrt{2}-1$

• 중적분

4. 곡선 $y=2-x^2$과 $y=x$로 둘러싸인 영역을 중적분으로 나타내어 보아라.

5. (넓이공식과 중적분) 두 곡선 $a \le x \le b$상의 두 곡선 $y=f(x)$, $y=g(x)$ (단, $g \le f$)으로 둘러싸인 영역 D 의 넓이를 중적분으로 나타내고, 공식 $\int_a^b (f(x)-g(x))\ dx$을 구하라.

다음 중적분의 이상적분은 연습문제로 간단히 소개한다. (일변수 함수)의 **이상적분** improper integral을 참조한다.

6. $f(x,y)=\frac{1}{\sqrt{x^2+y^2}}$은 단위 원판 상에서 **적분가능** integrable임을 보여라.

풀이 $\lim_{\epsilon \to 0+} \int_\epsilon^1 \int_0^{2\pi} \frac{1}{r}(r\,dr\,d\theta) = 2\pi$

7. $f(x, y) = \dfrac{1}{\sqrt{1-(x^2+y^2)}}$ 은 적분가능임을 보여라.

풀이 $\displaystyle \lim_{\epsilon \to 0+} \int_{-\sqrt{1-x^2}+\epsilon}^{\sqrt{1-x^2}-\epsilon} \frac{1}{\sqrt{(1-x^2)-y^2}}\, dy$

$$= \lim_{\epsilon \to 0} sin^{-1}\left(\frac{y}{\sqrt{1-x^2}}\right)\Bigg|_{y=-\sqrt{1-x^2}+\epsilon}^{y=\sqrt{1-x^2}-\epsilon} \quad (=\pi)$$

3. 중적분 좌표변환

$$dx\,dy = \left|\frac{\partial(x, y)}{\partial(u, v)}\right| du\,dv$$

(넓이소 area elements 관계 공식)

평면변환 T에 의하여 옮겨지는 uv 평면과 xy 평면의 대응 영역 $D, D^* \subseteq R^2$에 대하여

$$T\colon D^* \to D,\ T(u, v) = (x, y)$$

$$x = \phi(u, v),$$

$$y = \psi(u, v)$$

는 일대일, 연속변환이라 하자. 아래 그림에서 $T(D^*) \sim T(u_0,\ v_0) + T'(D^*)$

$$T(u_0,\ v_0) + T'\begin{pmatrix} \Delta u \\ \Delta v \end{pmatrix},$$

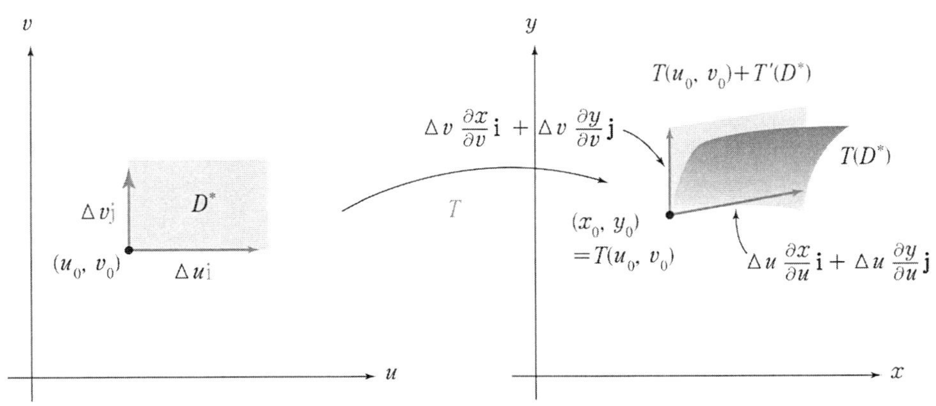

$T(u_0, v_0) = (x_0, y_0)$일 때, D^*의 한 점 $P_0\ (u_0, v_0)$를 지나는 $uv-$평면 수평선 $v = v_0$의 T에 의한 상은 $xy-$평면내의 $u-$**(매개변수)곡선**

$$C_u : \begin{cases} x = \phi(u, v_0) \\ y = \psi(u, v_0) \end{cases}$$

마찬가지로, 점 $P_0\ (u_0, v_0)$를 지나는 $uv-$평면의 수직선 $u = u_0$의 T에 의한 상은 $xy-$ 평면의 $v-$**(매개변수)곡선**

$$C_v : \begin{cases} x = \phi(u_0, v) \\ y = \psi(u_0, v) \end{cases}$$

이 된다. 곡선 C_u, C_v를 **좌표곡선**이라 한다.

곡선상의 위치벡터를 $\vec{r}$ 로 나타낼 때, 교점 $Q_0\ (x_0, y_0)$에서 두 좌표곡선의 **변위벡터**는 각각 미분 differential

$$d\vec{r}_u = \left(\frac{\partial x}{\partial u} i + \frac{\partial y}{\partial u} j\right) du$$
$$d\vec{r}_v = \left(\frac{\partial x}{\partial v} i + \frac{\partial y}{\partial v} j\right) dv$$

$xy-$평면의 넓이소로 두 변위벡터 $d\vec{r}_u$, $d\vec{r}_v$가 이룬 평행사변형으로 할 때,

평행사변형의 넓이는 두 벡터의 외적의 크기

이므로 $xy-$평면의 **넓이소** area element는 다음과 같이 계산된다.

넓이소 $= \| d\vec{r}_u \times d\vec{r}_v \|$

$= \begin{vmatrix} i & j & k \\ x_u du & y_u du & 0 \\ x_v dv & y_v dv & 0 \end{vmatrix}$의 (벡터)크기[4]

$= \sqrt{0^2 + 0^2 + (x_u y_v du\,dv - x_v y_v du\,dv)^2}$

$= |x_u y_u - x_v y_v|\,du\,dv$

---

4) 앞으로는 간략히 쓰기 위하여 $\dfrac{\partial x}{\partial u}$는 x_u로 나타낸다.

즉,

$$(xy-\text{평면 넓이소})=\begin{pmatrix} \frac{\partial x}{\partial u} & \frac{\partial y}{\partial u} \\ \frac{\partial x}{\partial v} & \frac{\partial y}{\partial v} \end{pmatrix}\text{의 행렬식 determinant 의 절댓값}\times(uv-\text{평면 넓이소})$$

으로 쓸 수 있다.

정 의

$\begin{pmatrix} \frac{\partial x}{\partial u} & \frac{\partial y}{\partial u} \\ \frac{\partial x}{\partial v} & \frac{\partial y}{\partial v} \end{pmatrix}$을 변환 T의 **야코비 행렬**이라 한다. 한편, 그 행렬식

$\begin{vmatrix} \frac{\partial x}{\partial u} & \frac{\partial y}{\partial u} \\ \frac{\partial x}{\partial v} & \frac{\partial y}{\partial v} \end{vmatrix}$을 변환 T의 **야코비안** Jacobian이라 한다.

여기서 T의 야코비안을 기호 $\triangle_T$로 나타내면, 앞 계산은

$$\| d\vec{r}_u \times d\vec{r}_v \| = | \triangle_T |\, du\, dv$$

[기호] $\frac{\partial(x,y)}{\partial(u,v)}$는 $\begin{vmatrix} \frac{\partial x}{\partial u} & \frac{\partial y}{\partial u} \\ \frac{\partial x}{\partial v} & \frac{\partial y}{\partial v} \end{vmatrix}$, 즉 $\triangle_T$를 나타낸다.

따라서 영역 D^*에 대한 T의 상 image D의 넓이소 $dA(=dxdy)$와 해당 D^*의 넓이소 $du\,dv$ 사이에는 다음 관계가 있다.[5)]

기본 Main 정리[6)]

$$dx\,dy = \left| \frac{\partial(x,y)}{\partial(u,v)} \right| du\,dv$$

이제, xy 평면에 주어진 어떤 영역 D의 넓이는 dA(넓이소 area element)의 적분

---

5) 비유하자면 야코비 행렬식의 절대값은 **넓이소들의 배율** a scale을 나타낸다.

6) 간단히 $dA=|\triangle_T|\ du\,dv$로 나타낸다.

$$(D \text{의 넓이}) = \iint_D 1 \ \ dA = \iint_D \ dx\,dy$$

이므로, 앞의 [기본 정리]를 이용하면 다음을 얻는다.

따름 정리

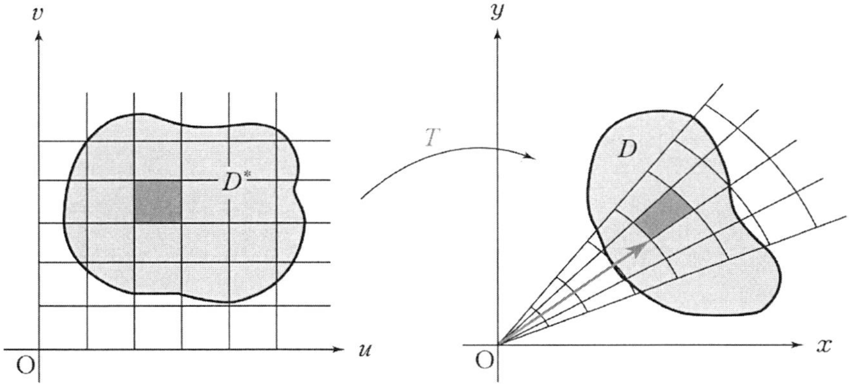

$$Area(D) = \iint_{D^*} \ |\triangle_T| \ \ du\,dv$$

직접적 결과로 영역 R 상의 이변수 함수 $z = f(x, y)$의 중적분의 좌표변환 공식은 다음과 같다.[7)]

따름 정리 중적분 좌표변환 공식

$$\iint_D f(x, y)\,dy\,dx = \iint_{D^*} f(\phi(u, v), \psi(u, v)) \ \ |\triangle_T|\,du\,dv$$

예 제

P는 $y = 2x$, $y = 2x - 2$, $y = x$, $y = x + 1$로 둘러싸인 평행사변형이다.

$\iint_P \ xy \ \ dx\,dy$를 좌표변환을 이용하여 계산해 보자.

7) 정적분과 마찬가지로 중적분에서의 **치환공식** substitution이라 할 수 있다.

풀이

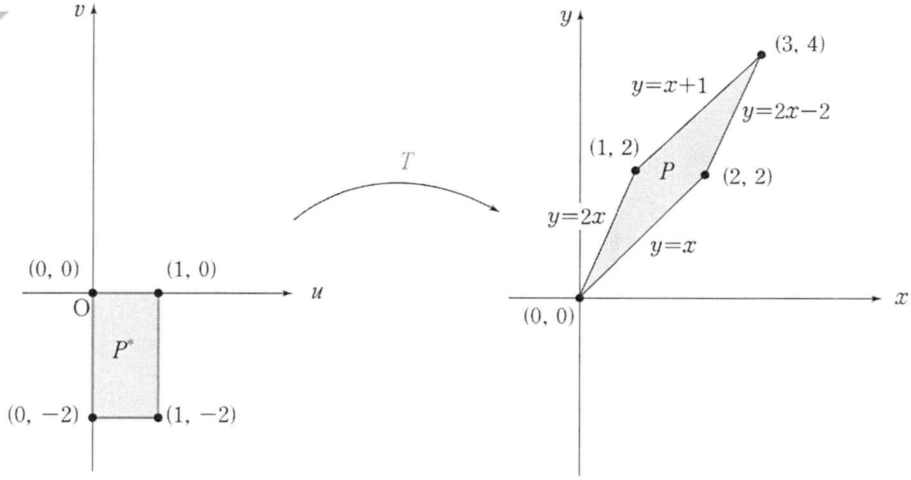

좌표변환 $T(u,v)=(u-v,\ 2u-v)$는 평행사변형 P를 직사각형 P^*에 대응한다.[8] 한편 $\left|\dfrac{\partial(x,y)}{\partial(u,v)}\right|=1$이므로

$$\iint_P xy\ \ dx\,dy = \int_{-2}^{0}\int_{0}^{1}(u-v)(2u-v)\,du\,dv$$
$$= \int_{-2}^{0}\left(\frac{2}{3}-\frac{3}{2}v+v^2\right)dv = 7$$

예 제

D는 제1사분면에 곡선 $x^2+y^2=a^2$, $x^2+y^2=b^2$ (단, $a<b$)로 둘러싸인 영역일 때 $\iint_D \log(x^2+y^2)\,dx\,dy$를 계산해 보자.

풀이 좌표변환 $T(r,\theta)=(r\cos\theta,\ r\sin\theta)$ 를 생각하면 영역 D는 그림의 D^*에 대응한다. 따라서

$$\iint_D \log(x^2+y^2)\,dx\,dy = \int_a^b\int_0^{\frac{\pi}{2}} r\log r^2\ \ dr\,d\theta$$
$$= \frac{\pi}{2}\int_a^b 2r\log r\ dr$$

8) (참고 문헌)의 선형사상 linear map을 참조한다.

$$= \frac{\pi}{2}\left[b^2\ log\, b - a^2\ log\, a - \frac{1}{2}(b^2 - a^2)\right]$$

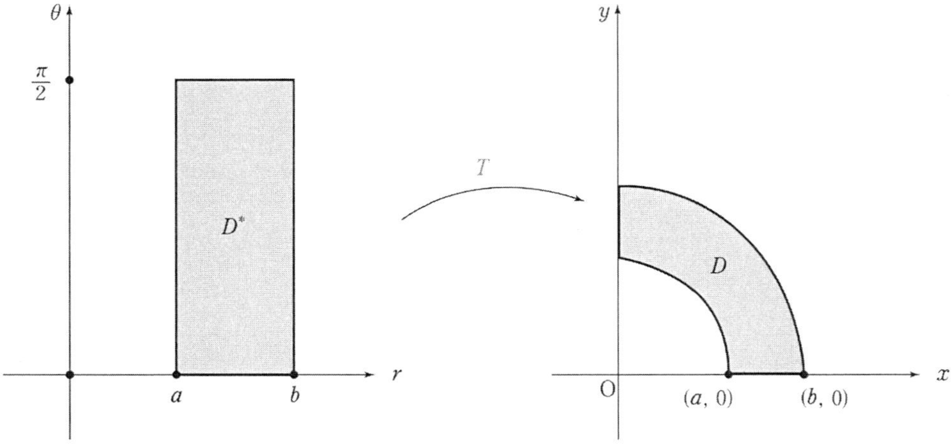

앞 단원 반복적분의 예제를 다시 보기로 하자.

예 제

두 포물면 $z = 8 - x^2 - y^2$과 $z = x^2 + y^2$ 로 둘러싸인 입체의 부피를 구하여 보자.

풀이 (**극좌표**가 편리하다)

$$z_{위쪽} = 8 - r^2,\ z_{아래쪽} = r^2$$

이고 교선은 $8 - r^2 = r^2$ 에서 $r = 2$ 즉, 적분영역은 $D = \{ r \le 2, 0 \le \theta \le 2\pi\}$ 이므로

$$V = \int_0^{2\pi}\int_0^2 \left((8 - r^2) - r^2\right)(r\, dr\, d\theta)$$

$$= \int_0^{2\pi} \left[-\frac{1}{4}(8 - 2r^2)\right]_0^2 d\theta = 4\pi$$

예 제

xy 평면에 극방정식 $r=f(\theta)\ (\geq 0)$, $\theta \in [\theta_0, \theta_1]$가 둘러싼 넓이를 [중적분 좌표변환 공식]으로 구하여, **극방정식 넓이공식**을 유도하여라.

풀이 $$A(D)=\iint_D dx\,dy=\iint_{D^*}\left|\begin{matrix} x_r & y_r \\ x_\theta & y_\theta \end{matrix}\right| dr\,d\theta$$

$$=\iint_{D^*} r\,dr\,d\theta=\int_{\theta_0}^{\theta_1}\left[\int_0^{f(\theta)} r\,dr\right]d\theta$$

$$=\int_{\theta_0}^{\theta_1}\left[\frac{r^2}{2}\right]_0^{f(\theta)} d\theta=\int_{\theta_0}^{\theta_1}\frac{f^2(\theta)}{2}\,d\theta$$

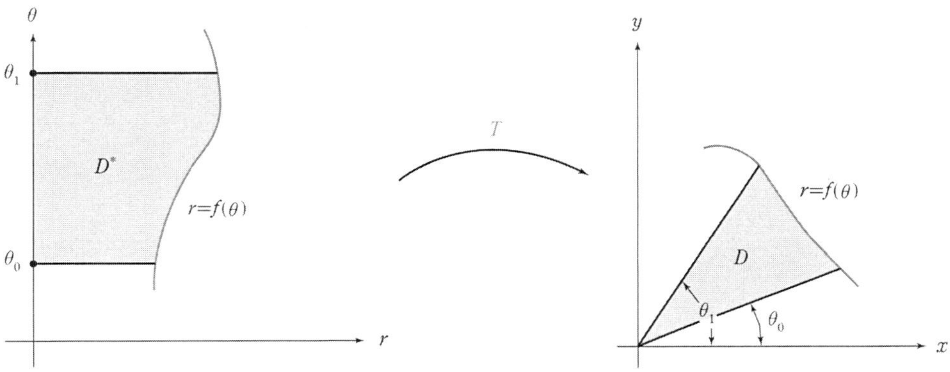

연습문제

• 평면변환과 중적분

1. 아래의 각 좌표변환에 대하여

(1) $T(D^*)$ 를 그려 보시오.

(2) T의 야코비 행렬식 Jacobian $\triangle_T$ 를 구하시오.

가. $T(u, v) = \left(\frac{u+v}{2}, \frac{u-v}{2}\right)$, $D^* = [-1,1] \times [-1,1]$

나. $T(u, v) = (4u, 2u+3v)$, $D^* = [0, 1] \times [1, 2]$

다. $T(u, v) = (u, v(1+u))$, $D^* = [0, 1] \times [1, 2]$

라. $T(u, v) = (u^2 - v^2, 2uv)$, $D^* = \{u^2 + v^2 \leq 1, u \geq 0, v \geq 0\}$

2. D는 꼭지점 $(0, 0), (2, 0), (2, 2), (4, 2)$으로 하는 평행사변형이다.

$$\int\int_D (x+y)\, dx\, dy$$

를 계산하는데, 좌표변환

$$T: (u, v) \mapsto (x, y) \quad \begin{cases} x = u + v \\ y = v \end{cases}$$

을 이용하여 다음 순서대로 계산하시오.

(1) $T(D^*) = D$ 인 D^*를 그려 보시오.

(2) T의 야코비안 $\triangle_T$를 계산

해답 1

(3) $\int\int_D (x+y)\, dx\, dy$를 계산

해답 12

3. 좌표변환 $T(u, v) = (u^2 - v^2, 2uv)$에 대하여

(1) T 가 1−1 임을 보이시오.

(2) T의 야코비안 $\triangle_T$ 를 구하시오.

(3) $D^* = \{1 \leq u \leq 2, 1 \leq v \leq 3\}$일 때, $T(D^*)$를 그려 보시오

(4) $D^* = \{u^2 + v^2 \leq 1, u \geq 0, v \geq 0\}$일 때 $T(D^*)$를 그려 보고,

$\int\int_D dx\, dy$ 를 구하시오.

해답 $\int\int_D dx\, dy = \frac{\pi}{2}$

4. 삼중적분

직육면체 $B=[a,b]\times[c,d]\times[p,q]$ 상의 세 변수 함수 $f(x,y,z)$의 삼중적분 triple integrals은 B의 세 변을 간편하게 등분 분할하여 얻은 분할된 직육면체 B_{ijk}의 임의의 점 $c_{ijk}\in B_{ijk}$에 대하여 부분합

$$S_n = \sum_{k=1}^{n-1}\sum_{j=1}^{n-1}\sum_{i=1}^{n-1} f(c_{ijk})\ \triangle V$$

을 생각하여 다음과 같이 정의한다. 단, $\triangle V = Vol\ (B_{ijk}) = \frac{(b-a)(d-c)(q-p)}{n^3}$

정 의

삼중적분 $B=[a,b]\times[c,d]\times[p,q]$ 상에서 **함수** $f(x,y,z)$가 유계 bounded일 때에 대하여 $c_{ijk}\in B_{ijk}$의 선택에 관계없이 $\lim_{n\to\infty} S_n = S$가 존재할 때, 함수 f는 B상에서 **적분가능** integrable **함수**라 하고, 값 S 를 함수 f의 B상에서 **삼중적분**이라 하고, 기호로

$$\int\int\int_B f(x,y,z)\ \ dx\,dy\,dz,\ \text{간단히}\ \int\int\int_B f\ \ dV$$

로 나타낸다. 즉,

$$\int\int\int_B f\ \ dV = \lim_{n\to\infty}\sum_{k=1}^{n-1}\sum_{j=1}^{n-1}\sum_{i=1}^{n-1} f(c_{ijk})\ \triangle V$$

따라서 $f=1$일 때 다음을 나타내게 된다.

$$\int\int\int_W \ dx\,dy\,dz = (W\text{의 부피})$$

세 변수 연속 continuous 함수 f에 대하여도 이변수 연속함수일 때와 마찬가지로 앞에서 소개한 후비니 Fubini 정리가 성립하여 **반복적분 6가지**로 바꾸어 계산 할 수 있다. 예를 들자면 다음은 그 중 세 가지이다.

반복적분 순서바꾸기

$$\iiint_B f(x,y,z)\ dx\,dy\,dz = \int_p^q\int_c^d\int_a^b f(x,y,z)\ dx\,dy\,dz$$
$$= \int_p^q\int_a^b\int_c^d f(x,y,z)\ dy\,dx\,dz$$
$$= \int_a^b\int_p^q\int_c^d f(x,y,z)\ dy\,dz\,dx$$

예 제

$B=[0,1]\times[-\frac{1}{2},0]\times[0,\frac{1}{3}]$일 때, $\iiint_B (x+2y+3z)^2\ dx\,dy\,dz$를 $x-y-z$ 순서의 반복적분으로 계산하라. 또, $y-z-x$ **순의 반복적분**을 계산하여 확인해보자.

풀이 $\int_0^{\frac{1}{3}}\int_{-\frac{1}{2}}^{0}\int_0^1 (x+2y+3z)^2\ dx\,dy\,dz$

$$= \int_0^{\frac{1}{3}}\int_{-\frac{1}{2}}^{0} \left[\frac{(x+2y+3z)^3}{3}\right]_{x=0}^{1} dy\,dz$$

$$= \int_0^{\frac{1}{3}} \frac{1}{24}\left[(1+2y+3z)^4-(2y+3z)^4\right]_{y=-\frac{1}{2}}^{0} dz = \frac{1}{12}$$

이제, 순서를 바꾸어

$$\int_0^1\int_0^{\frac{1}{3}}\int_{-\frac{1}{2}}^{0} (x+2y+3z)^2\ dy\ dz\ dx$$

$$= \int_0^1\int_0^{\frac{1}{3}} \left[\frac{(x+2y+3z)^3}{6}\right]_{y=-\frac{1}{2}}^{0} dz\ dx$$

$$= \int_0^1 \frac{1}{6}\left[\frac{(x+3z)^4}{12}-\frac{(x+3z-1)^4}{12}\right]_{z=0}^{\frac{1}{3}} dx = \frac{1}{12}$$

참고

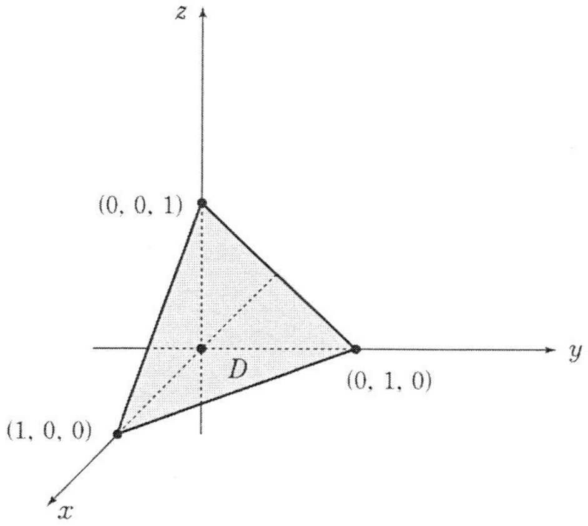

평면 $x+y+z=1$이 각 좌표평면으로 둘러싸인 영역 W는 삼각뿔이 된다. 그 부피는

$$(W\text{의 부피}) = \iiint_W 1\ dV$$

로 나타낼 수 있고, 이것을 다음 **6가지** 반복적분으로 구할 수 있다. 우선, 각 좌표평면의 밑면으로 하는 반복적분이 3가지, 한편 각 좌표평면을 나타내는 방법 이를테면, 삼각뿔의 밑면 D는 삼각형 영역

$$D = \{0 \le y \le 1-x,\ 0 \le x \le 1\} \text{ 또는 } D = \{0 \le x \le 1-y,\ 0 \le y \le 1\}$$

로 2가지씩, 모두 6가지가 있다. 따라서 영역 V를 나타내는 방법이 다음 6가지로 정리된다.

$$V = \{0 \le z \le 1-x-y,\ 0 \le y \le 1-x,\ 0 \le x \le 1\}$$
$$V = \{0 \le z \le 1-x-y,\ 0 \le x \le 1-y,\ 0 \le y \le 1\}$$
$$V = \{0 \le y \le 1-x-z,\ 0 \le x \le 1-z,\ 0 \le z \le 1\}$$
$$V = \{0 \le y \le 1-x-z,\ 0 \le z \le 1-x,\ 0 \le x \le 1\}$$
$$V = \{0 \le x \le 1-y-z,\ 0 \le z \le 1-y,\ 0 \le y \le 1\}$$
$$V = \{0 \le x \le 1-y-z,\ 0 \le y \le 1-z,\ 0 \le z \le 1\}$$

첫 번째 영역 표시에 대하여

$$(V\text{의 부피}) = \iiint_V 1\ dV = \int_0^1 \int_0^{1-x} \int_0^{1-x-y} 1\ dz\ dy\ dx$$
$$= \int_0^1 \int_0^{1-x} [z]_{z=0}^{1-x-y}\ dy\ dx$$

$$= \int_0^1 \int_0^{1-x} [1-x-y]\ dy\, dx$$

$$= \int_0^1 \left[y - xy - \frac{y^2}{2} \right]_{y=0}^{1-x} dx$$

$$= \int_0^1 \left[(1-x) - x(1-x) - \frac{(x-1)^2}{2} \right] dx$$

$$= \int_0^1 \left(\frac{1}{2} - x + \frac{x^2}{2} \right) dx = \frac{1}{6}^{9)}$$

이제, 영역 W의 **6번째 표시**에 따라

$$(V\text{의 부피}) = \int_0^1 \int_0^{1-z} \int_0^{1-y-z} 1\ dx\, dy\, dz$$

로 구하여도 계산 결과는 같다. **계산은 연습으로 남긴다.**

우리는 편의상 영역의 경계가 나머지 변수들의 식들로 나타낼 수 있는 영역을 **표준영역** standard region 이라 부르기로 하였다. 이를테면, R^3 내의 구 a ball는 표준영역이다. 그림은 그 경계면(또는 곡선)을 편의상 $z-y-x$ **순의 함수**로 나타낸 것이다.

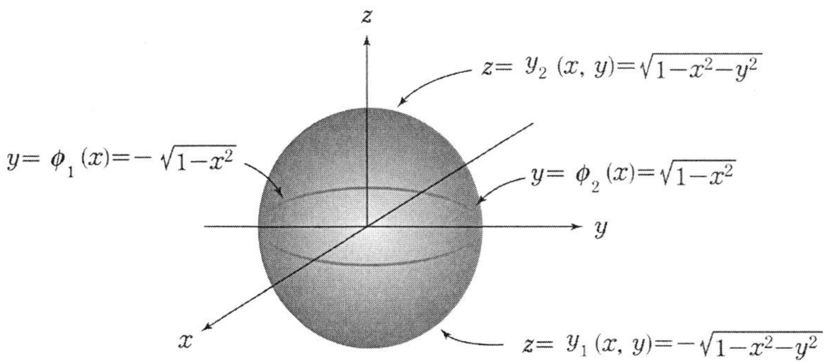

예 제

단위 구 $x^2+y^2+z^2 \le 1$ 로 주어진 영역을 $z-y-x$ 순으로 나타내어라.

풀이 $-1 \le x \le 1,\ -\sqrt{1-x^2} \le y \le \sqrt{1-x^2},\ -\sqrt{1-x^2-y^2} \le z \le \sqrt{1-x^2-y^2}$

---

9) **[삼각뿔의 부피공식]**에 따라 $\frac{1}{3}$(밑넓이)(높이)$= \frac{1}{3} \times \frac{1}{2} \times 1 = \frac{1}{6}$.

주어진 영역 W 를 각각 $z-y-x$ 순, $z-x-y$ 순으로 나타낼 수 있을 때, W 상의 연속함수 f의 삼중적분은 다음 같이 반복적분으로 계산할 수 있다.

W 상의 함수 $f(x,y,z)$의 삼중적분과 반복적분

(1) $$\iiint_W f(x,y,z)\,dx\,dy\,dz = \int_a^b \int_{\varphi_1(x)}^{\varphi_2(x)} \int_{\gamma_1(x,y)}^{\gamma_2(x,y)} f(x,y,z)\,dz\,dy\,dx$$

(2) $$\iiint_W f(x,y,z)\,dx\,dy\,dz = \int_c^d \int_{\psi_1(y)}^{\psi_2(y)} \int_{\gamma_1(x,y)}^{\gamma_2(x,y)} f(x,y,z)\,dz\,dx\,dy$$

예제

단위구 a unit ball의 부피를 계산해 보자.[10)]

풀이 [앞의 예제]를 이용하면, 단위구 W에 대하여

$$\text{(단위구의 부피)} = \int_{-1}^{1}\int_{-\sqrt{1-x^2}}^{\sqrt{1-x^2}}\int_{-\sqrt{1-x^2-y^2}}^{\sqrt{1-x^2-y^2}} dz\,dy\,dx$$

$$= 2\int_{-1}^{1}\int_{-\sqrt{1-x^2}}^{\sqrt{1-x^2}} (1-x^2-y^2)^{\frac{1}{2}}\,dy\,dx$$

여기서 $y=\sqrt{1-x^2}\,sin\,\theta$로 삼각치환하면,

$$= 2\int_{-1}^{1}(1-x^2)\int_{-\frac{\pi}{2}}^{\frac{\pi}{2}} cos^2\theta\;\;d\theta\;\;dx$$

$$= 2\int_{-1}^{1}\frac{\pi}{2}(1-x^2)\,dx = \frac{4}{3}\pi$$

예제

W는 평면 $x=0$, $y=0$, $z=2$, 그리고 곡면 $z=x^2+y^2$으로 둘러싸인 팔분영역 $x\ge 0$, $y\ge 0$일 때, $\iiint_W x\;\,dx\,dy\,dz$ 를 계산하라.

10) 구의 부피는 **구면좌표계** spherical coordinates를 이용한 계산을 참조한다.

풀이 (아래 그림 영역) W는 $0 \le x \le \sqrt{2}$, $0 \le y \le \sqrt{2-x^2}$, $x^2+y^2 \le z \le 2$으로 나타나므로

$$\iiint_W x\ dx\,dy\,dz = \int_0^{\sqrt{2}}\left[\int_0^{\sqrt{2-x^2}}\left(\int_{x^2+y^2}^{2} x\ dz\right)dy\right]dx$$

$$= \int_0^{\sqrt{2}}\int_0^{\sqrt{2-x^2}} x(2-x^2-y^2)\ dy\,dx$$

$$= \int_0^{\sqrt{2}} x\left[(2-x^2)^{\frac{3}{2}} - \frac{(2-x^2)^{\frac{3}{2}}}{3}\right]dx = \frac{8\sqrt{2}}{15}$$

[다른 풀이]

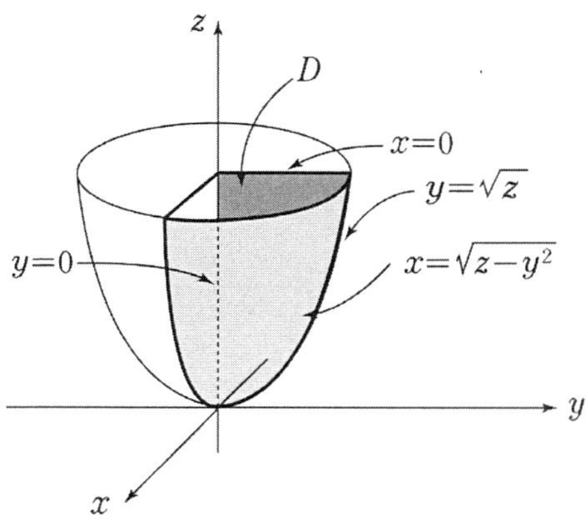

주어진 영역 W는 D상의 곡면 $x=\sqrt{z-y^2}$ 로 둘러싸인 표준영역

$$0 \le z \le 2,\ 0 \le y \le \sqrt{z},\ 0 \le x \le \sqrt{z-y^2}$$

으로 나타낼 수 있으므로

$$\iiint_W x\ dx\,dy\,dz = \int_0^2\left[\int_0^{\sqrt{z}}\left(\int_0^{\sqrt{z-y^2}} x\ dx\right)dy\right]dz$$

$$= \int_0^2\int_0^{\sqrt{z}}\left(\frac{z-y^2}{2}\right)dy\,dz$$

$$= \frac{1}{2}\int_0^2 \frac{2}{3}z^{\frac{3}{2}}\ dz = \frac{8\sqrt{2}}{15}$$

예 제

$\int_0^1 \int_0^x \int_{x^2+y^2}^2 dz\, dy\, dx$ 적분영역 W를 그려보고, 적분을 계산하여라.

풀이

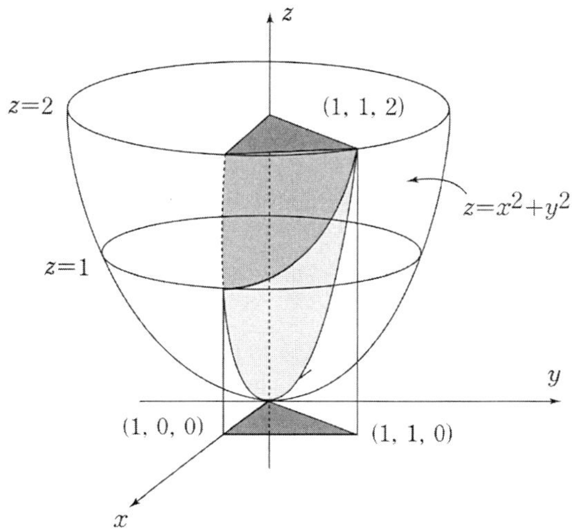

$$\int_0^1 \int_0^x \int_{x^2+y^2}^2 dz\, dy\, dx = \int_0^1 \int_0^x (2 - x^2 - y^2)\, dy\, dx = \frac{2}{3}$$

구면좌표계 Spherical coordinates

$$(\text{구의 부피}) = \iiint_{B_r} 1\, dV$$

$$= \int_0^{2\pi} \int_0^{\pi} \int_0^{r} (\rho^2 \sin\phi)\, d\rho\, d\phi\, d\theta$$

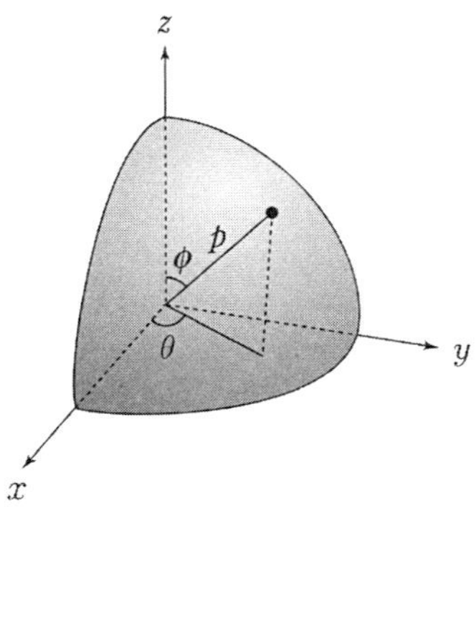

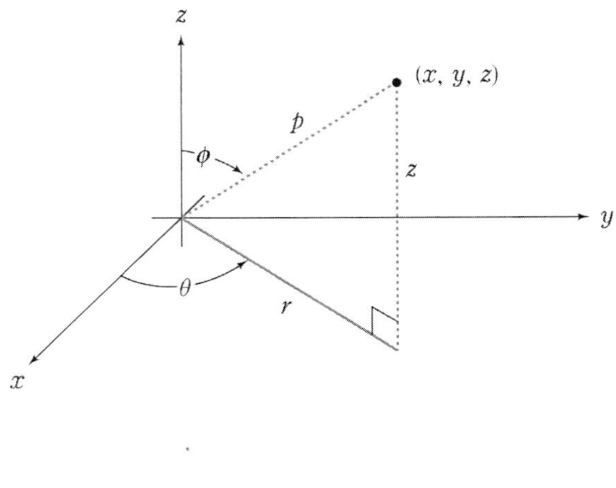

공간의 점 $P(x, y, z)$은 그림과 같이 세 값 ρ, ϕ, θ 를 이용하여 나타낼 수 있다. 이것을 **구면좌표**라 한다.

공간좌표 변환 $T: R^3 \to R^3$

$$T\begin{pmatrix}\rho\\ \phi\\ \theta\end{pmatrix}=\begin{pmatrix}x\\ y\\ z\end{pmatrix}$$

에서 **좌표변환식** coordinates transform 은 다음과 같다.

$$x = (\rho\, sin\phi)\, cos\ \theta$$
$$y = (\rho\, sin\phi)\, sin\ \theta$$
$$z = \rho\ cos\ \phi \qquad \text{단, } \rho = \sqrt{x^2+y^2+z^2}$$

예 제

구면좌표 변환에 대한

$$\triangle_T = \frac{\partial(x, y, z)}{\partial(\rho, \phi, \theta)} = det\begin{pmatrix}x_\rho & x_\phi & x_\theta\\ y_\rho & y_\phi & y_\theta\\ z_\rho & z_\phi & z_\theta\end{pmatrix}$$

에 대한 계산은 다음과 같음을 보여라.

$$\triangle_T = \frac{\partial(x, y, z)}{\partial(\rho, \phi, \theta)} = \rho^2 sin\,\phi$$

풀이 3×3 행렬식을 편의상 3행에 대하여 전개하였다.[11)]

$$det\begin{pmatrix}sin\phi\, cos\,\theta & \rho\, cos\,\phi\, cos\,\theta & \rho\, sin\phi(-\,sin\,\theta)\\ sin\phi\, sin\,\theta & \rho cos\,\phi\, sin\,\theta & \rho\, sin\,\phi\, cos\,\theta\\ cos\,\phi & \rho(-\,sin\,\phi) & 0\end{pmatrix}$$
$$= +\,cos\,\phi\cdot det\begin{pmatrix}\rho cos\,\phi\, cos\,\theta & \rho sin\phi\,(-\,sin\theta)\\ \rho cos\,\phi\, sin\,\theta & \rho\, cos\,\phi\ sin\,\theta\end{pmatrix}$$
$$-(-\,\rho sin\,\phi)\cdot det\begin{pmatrix}sin\,\phi\, cos\,\theta & \rho sin\,\phi(-\,sin\theta)\\ sin\,\phi\, sin\,\theta & \rho\, sin\phi\ cos\,\theta\end{pmatrix}$$

그런데 $det\begin{pmatrix}cos\,\theta & -\,sin\,\theta\\ sin\,\theta & cos\,\theta\end{pmatrix} = 1$ 이므로

11) [부록] 행렬에서 행렬식 전개 참조

(구하는 행렬식)= $\rho^2 cos^2\,\phi\ sin\,\phi + \rho^2 sin^3\,\phi = \rho^2\ sin\,\phi$

예 제

반경이 r인 구 B_r의 부피를 구하여 보자.

풀이 구면 좌표계로는

$$B_r = \{\,0 \le \rho \le r,\ 0 \le \phi \le \pi,\ 0 \le \theta \le \pi\,\}$$

이므로

$$\begin{aligned}(\text{구의 부피}) &= \iiint_{B_r} 1\,dV \\ &= \int_0^{2\pi}\int_0^{\pi}\int_0^{r} 1\cdot\rho^2\ sin\,\phi\ d\rho\,d\phi\,d\theta \\ &= \frac{r^3}{3}[-\,cos\ \phi]_0^{\pi} = \frac{4}{3}\pi r^3\end{aligned}$$

앞 예제와 보는 바와 같이 [직교좌표]로 계산하는 것보다는 [구면좌표] 변환을 이용하면 매우 간단함을 알 수 있다.

[부피소 volume element] 부피소를 아래 그림에 나타난 형태로 택하면, $\rho d\phi$, $\rho sin\,\theta\ d\phi$, $d\rho$를 세 변으로 하는 직육면체에 가까워지므로 $(d\rho)(\rho\,d\phi)(\rho sin\,\theta\ d\phi)$가 되어 앞에서 이론적으로 구한 부피소 dV에 일치하고 있다.[12)]

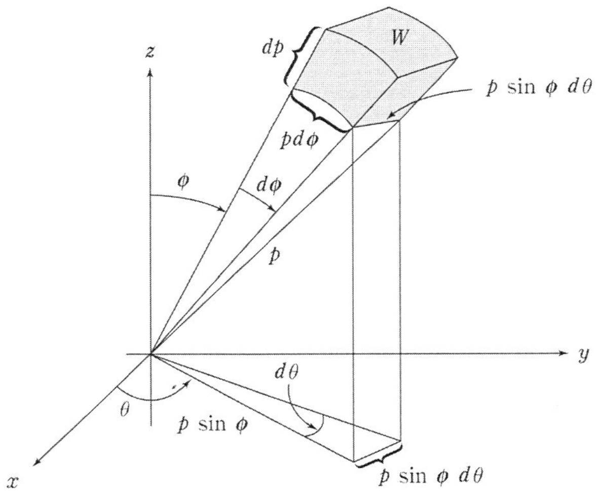

12) (구면좌표계)의 3개의 좌표곡선들의 변위벡터 tangent vector들이 이루는 부피소 volume element가 **직육면체**에 가까워지기 때문에 직관적으로 얻을 수 있는 결과이다. 비수학적인 방법이나 앞의 공식에 따른 결과와 일치하고 있다.

연습문제

• 삼중적분

1. $B=[0,1]\times[0,1]\times[0,1]$ 상의 다음 함수 f의 삼중적분을 계산하라.

(1) $f(x,y,z)=x^2$

해답 $\dfrac{1}{3}$

(2) $f(x,y,z)=e^{x+y+z}$

해답 $(e-1)^3$

2. 다음 영역을 표준영역으로 나타내어라.

(1) 원뿔 $z=\sqrt{x^2+y^2}$과 포물면 $z=x^2+y^2$ 사이의 영역

해답 $x^2+y^2\le z\le\sqrt{x^2+y^2}$, $-\sqrt{1-y^2}\le x\le\sqrt{1-y^2}$, $-1\le y\le 1$

(2) 평면 $z=0$ 와 단위구면 $x^2+y^2+z^2=1$ 사이의 영역

해답 $0\le z\le\sqrt{1-x^2-y^2}$, $-\sqrt{1-y^2}\le x\le\sqrt{1-y^2}$, $-1\le y\le 1$

3. W가 각각 다음 영역일 때, 삼중적분 $\iiint_W f\,dV$를 다음 반복적분 $\int_a^b\int_{\varphi_1(x)}^{\varphi_2(x)}\int_{\gamma_1(x,y)}^{\gamma_2(x,y)} f(x,y,z)\,dz\ dy\ dx$ 형태로 나타내어라.

(1) $W=\left\{(x,y,z)\mid \sqrt{x^2+y^2}\le z\le 1\right\}$

해답 $\int_{-1}^{1}\int_{-\sqrt{1-x^2}}^{\sqrt{1-x^2}}\int_{\sqrt{x^2+y^2}}^{1} f(x,y,z)\,dz\,dy\,dx$

(2) $W=\left\{(x,y,z)\mid x^2+y^2\le 1,\ z\ge 0,\ x^2+y^2+z^2\le 4\right\}$

해답 $\int_{-1}^{1}\int_{-\sqrt{1-x^2}}^{\sqrt{1-x^2}}\int_{0}^{\sqrt{4-x^2-y^2}} f(x,y,z)\,dz\,dy\,dx$

4. 다음 영역의 부피를 삼중적분으로 계산하라.

(1) $z=x^2+y^2$과 $z=10-x^2-2y^2$ 로 둘러싸인 영역의 부피

해답 $\dfrac{50\pi}{\sqrt{6}}$

(2) $x=y$, $z=0$, $y=0$, $x=1$ 그리고 $x+y+z=0$로 둘러싸인 영역의 부피

해답 $\frac{1}{2}$

5. W가 $x+y+z=a$ $(a>0)$, $x=0$, $y=0$, $z=0$로 둘러싸인 영역일 때 $\int\int\int_W (x^2+y^2+z^2)\,dx\,dy\,dz$를 계산하라.

해답 $\frac{a^5}{20}$

6. 타원체 $\frac{x^2}{a^2}+\frac{y^2}{b^2}+\frac{z^2}{c^2}\leq 1$의 부피는 $\frac{4}{3}\pi abc$이다.

(1) 부피를 중적분으로 나타내어 보아라.

(2) 삼중적분으로 나타내고, 좌표변환 $T: \begin{cases} u=\frac{x}{a} \\ v=\frac{y}{b} \\ w=\frac{z}{c} \end{cases}$ 를 이용하여 구하라.

• 구면좌표

7. $z=x^2+y^2$ 을 구면좌표로 바꾸어 써보아라.

8. 구면좌표 방정식 $\rho=2\cos\varphi$를 직교방정식으로 나타내고, 그 그래프를 그려라.

9. 구면좌표계에 대하여

(1) 각 좌표평면 $\rho\theta-$평면, $\theta\varphi-$평면, $\rho\varphi-$평면을 그려 보아라

(2) 각 좌표곡선 $\rho-$ 곡선, $\theta-$곡선, $\varphi-$곡선을 그려 보아라.

Chapter 06 벡터 해석

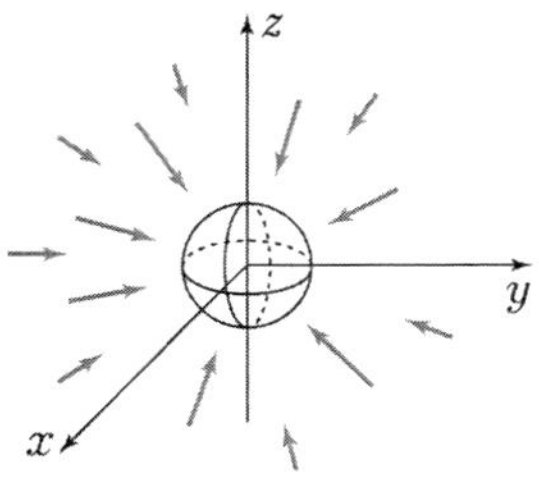

$$F(x, y, z) = -\frac{GmM}{r^3}\vec{r}$$

1. 벡터장 a Vector Field

벡터 함수의 중요한 예로 벡터장을 들 수 있다. 벡터장 $F(x, y) = P(x, y)i + Q(x, y)j$ 는

$$F: \ (x, y) \mapsto (P, Q)$$

의 대응을 강조한 표현이므로, 각 점 (x, y)에서 벡터 $Pi + Qj$ 를 화살표로 나타내면 평면 R^2 에 화살표가 하나의 패턴으로 나타난다. 공간 R^3에서도 마찬가지이다. 따라서 **속도** 벡터, **가속도** 벡터, **힘** a force 등을 나타내는데 편리하므로 **고전 역학**, **유체 역학**, **전·자기학** 등에서 벡터장을 다룬다.

예 제

벡터장 $F(x, y) = x\,i$

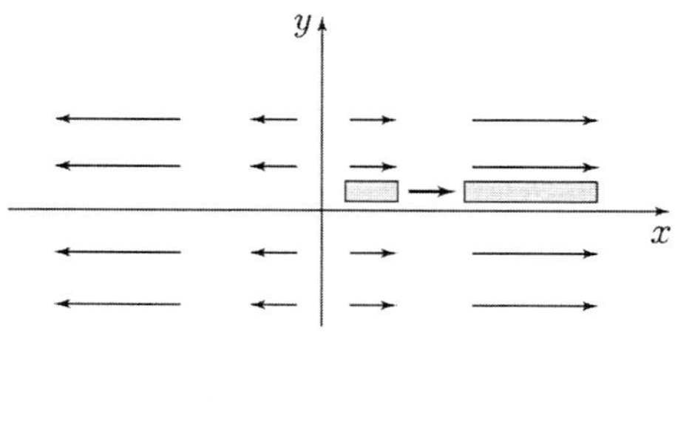

예 제

벡터장 $F(x,y) = x\,i + y\,j$

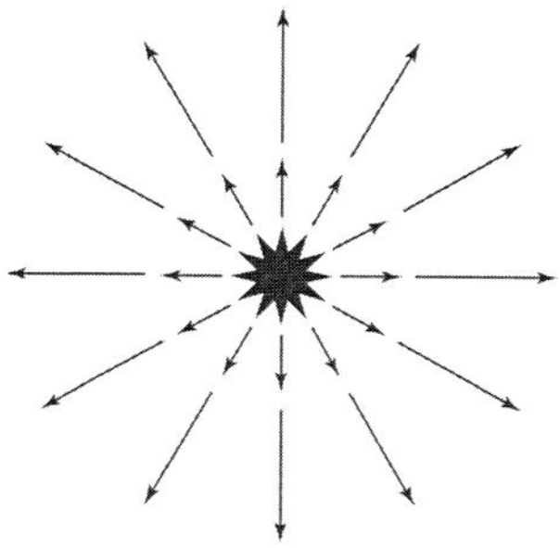

예 제

벡터장 $F(x,y) = -x\,i - y\,j$

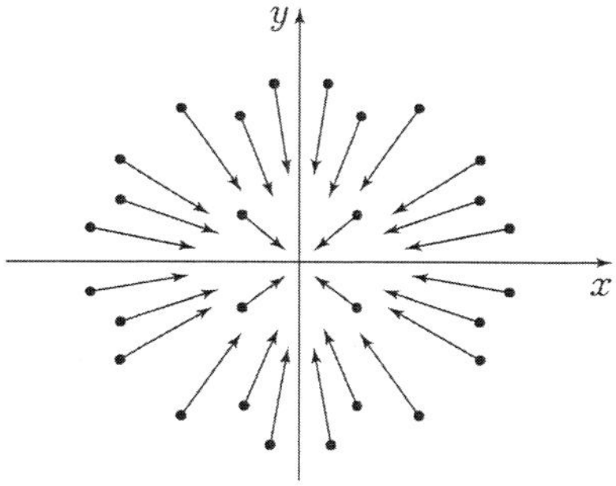

예 제

벡터장 $F(x,y) = (2x)i + y\,j$

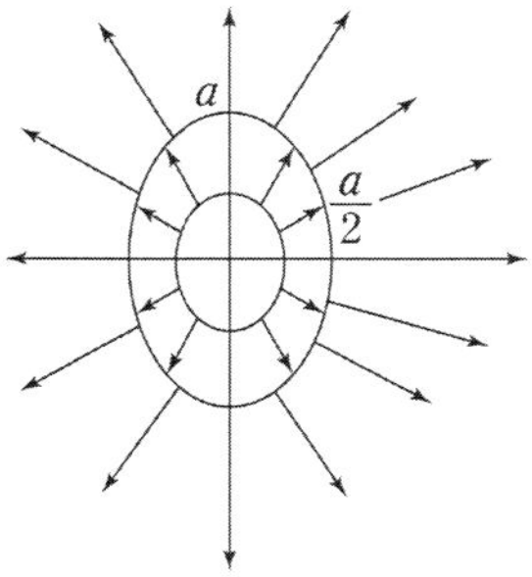

예 제

벡터장 $F(x,y) = -\dfrac{x}{x^2+y^2}i - \dfrac{y}{x^2+y^2}j$

우선, 앞 [예제]를 공간의 예로 바꾸어 $F(x,y,z) = -\frac{x}{x^2+y^2+z^2}i - \frac{y}{x^2+y^2+z^2}j - \frac{z}{x^2+y^2+z^2}k$를 그려보기로 하자. 다음 그림을 평면 $z=0$ (xy 평면)으로 자른 그림이 된다.

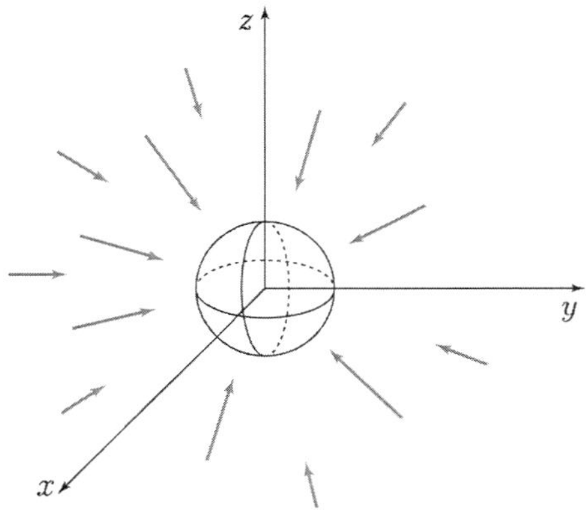

앞 [예제]의 벡터장을 간단히 벡터기호로 쓰면

$$F = -\frac{1}{r^2}\vec{r}$$

로 위치벡터에 비례(즉, $F \propto \vec{r}$)로 방향은 **구심적**인 **중심장**이며,

$$\| F \| = \frac{1}{r^2} \| \vec{r} \| = \frac{1}{r^2} r = \frac{1}{r}$$

로 그 크기는 거리에 반비례하는 벡터장이다. 이는 **중력의 법칙**a law of gravity에 따른 구심력을 나타내는 벡터장 $F(x,y,z) = -\frac{GmM}{r^3}\vec{r}$ 과 유사한 것으로, 중력에 따른 구심력의 크기는

$$\| F \| = \frac{GmM}{r^3} \| \vec{r} \| = \frac{GmM}{r^3} r = GmM\frac{1}{r^2}$$

로 거리제곱에 반비례함을 알 수 있다.[13)]

---

13) 따라서 중력의 법칙을 거리 **역제곱 법칙**이라고도 한다.

예 제

벡터장 $F(x, y) = -y\,i + x\,j$의 화살표 그림을 그려보자.

풀이 여기서 벡터장의 크기는 $\| F \| = \sqrt{(-y)^2 + x^2}$ 로 원점에 가까울수록 크기가 작아짐을 주의한다.

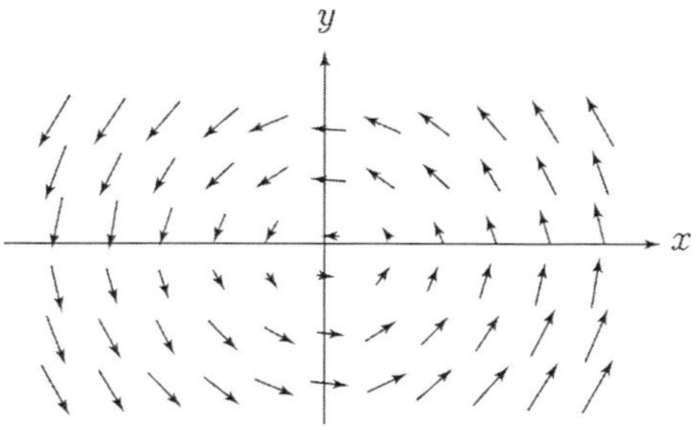

참고로 벡터장 $F(x, y) = (\sin y)i + (x^2 - y)j$에 대한 적분 곡선은 **컴퓨터 그래픽으로 다음과 같다.**

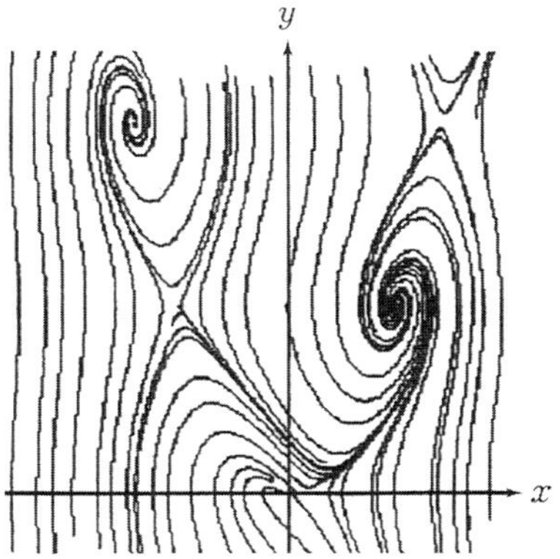

2. 물리량 : 일 a Work[14)]

벡터장의 선적분 line integral

$$\int_C F \cdot dP \quad \text{또는} \quad \int_C P(x, y)\,dx + Q(x, y)\,dy$$

14) 힘은 가속도(속도)가 결정하므로 속도가 빠를수록 힘은 커진다. 한편, 일은 에너지의 개념이다.

자기장이나 중력장 속을 움직이는 물체의 운동 경로는 일반적으로 공간 곡선일 뿐 아니라 가해지는 힘(벡터)도 점에 따라 변한다. 따라서 일반적 상황에 맞는 일 a work의 **수학적 표현**이 필요하다.

평면곡선 C의 경로

$$C: [t_0, t_1] \to R^2, \ C(t) = x(t)i + y(t)j$$

를 따르는 벡터장 $F(x, y) = P(x, y)\,i + Q(x, y)\,j$의 **선적분** line integral은 간단히 **벡터 표현**으로

$$\int_C F \cdot dP$$

로 나타낸다. 성분으로 나타내면 그 **성분 표현**은

$$\int_C P(x, y)\,dx + Q(x, y)\,dy$$

한편,

$$\int_C F \cdot dP = \int_{t_0}^{t_1} F \cdot \frac{dP}{dt} dt$$

이므로

$$\int_C F \cdot dP = \int_{t_0}^{t_1} F(C(t)) \cdot C'(t)\,dt$$

로 계산한다. 그런데 $C'(t) = (x'(t), y'(t))$이므로 벡터장 $F(x, y) = P(x, y)\,i + Q(x, y)\,j$의 경로 $C: [t_0, t_1] \to R^2, \ C(t) = x(t)i + y(t)j$ 를 따른 선적분은 다음과 같다.

정 의

(벡터장의 선적분)

$$\int_C F \cdot dP = \int_{t_0}^{t_1} [\, P(x(t), y(t))\, x'(t) + Q(x(t), y(t))\, y'(t) \,]\ dt$$

선적분과 일

평면 운동에서 힘 벡터 $F(x, y) = P(x, y)i + Q(x, y)j$ 영향으로 물체가 곡선을 그리며 움직일 때, 힘이 물체에 **한 일**을 다음과 같이 선적분으로 나타낸다.

일의 수학적 표현

$$일(Work) = \int_C F \circ dP$$

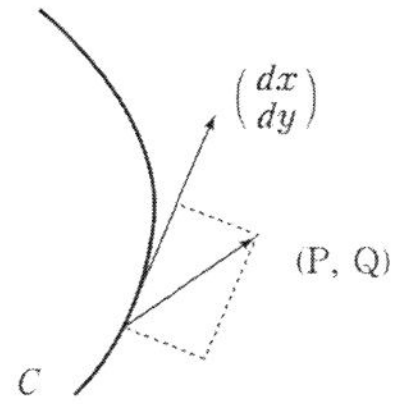

정의 해설 개요 $F \cdot dP$는 힘의 벡터장 $F = (P, Q)$의 **(운동)방향 성분**에 (미소)이동거리를 곱한 것이므로 (**각주 참조**), 한 일의 총량은 $\int_C F \cdot dP$ [15)]

예 제

어떤 태풍을 지상 관측한 결과, 그 태풍의 눈을 $(0, 0)$라 할 때 풍속벡터가 $V = -y\,i + x\,j$이었다고 한다. 단위속력인 바람이 단위면적에 가하는 힘을 k라고 나타내기로 하자. 그러면 각 점에서 이 바람이 내는 힘은 $F = -ky\,i + kx\,j$이다.

(1) 이 바람 속을 점 $(1, 0)$에서 $(-1, 0)$까지 직선으로 걸어간다면 한 일은 0.

(2) 점 $(1, 0)$에서 $(-1, 0)$까지 원을 그리며 간다면 한 일은 0이 아니다.

풀이 (1) $C_1 : C(t) = (1 - t, 0),\ 0 \le t \le 2$

이고 각 점에서

$$F(C(t)) \cdot C'(t) = (0,\ k(1-t)) \cdot (-1, 0)$$

이므로 한 일은 0

(2) $C_1 : C(t) = (\cos t,\ \sin t),\ 0 \le t \le \pi$이므로

15) **[정의 해설]** 피적분 함수

$F \cdot dP = F \cdot \dfrac{dP}{ds}\, ds = F \cdot T\, ds = (\|F\| \cos\theta)\, ds$ 이므로 힘의 **(운동)방향 성분**에 (미소)이동 거리 (선소) ds를 곱한 것이 된다. **(호의 길이로 재매개화 단원 참조)**

$$W = \int_0^{\pi} (-k\sin t,\ k\cos t)\cdot(-\sin t,\ \cos t)\,dt = \int_0^{\pi} k\ dt = k\pi$$

예제의 선적분은 적분 경로와 무관하지 않음을 알 수 있다.(다음 단원 비교)

예 제

(중력장이 한 일) 질량 m인 물체가 지구 중심에서부터 거리가 y인 위치에 있을 때 지구 중력은 $k\dfrac{m}{y^2}$이다(k는 비례상수).[16] 질량 500 kg인 인공위성을 지면에서 10,000 km 상공에 쏘아 올리는 데 한 일을 계산하자. 단, 지구반경은 6,400 km

풀이 우선 비례상수 k를 결정하자.

인공위성의 무게(지구가 잡아당기는 힘) f는 질량×(중력)가속도이므로 $f = mg = m(9.8)$ 한편, 주어진 중력 법칙(거리 역제곱 법칙)에 따라

$$k\frac{m}{(6,400)^2} = 9.8\,\mathrm{m}$$

따라서 $k = 9.8\times(6,400)^2 \approx 4.0\times10^8$. 그러므로 질량 500 kg의 인공위성이 받는 중력은

$$f = (4.0\times10^8)\frac{500}{y^2} = 2.0\times10^{11}\frac{1}{y^2}$$

일의 선적분 정의를 살펴보면 **직선 방향 운동에 대한 일**은 간단히 힘(함수)의 정적분으로 나타나게 되므로 구하는 일의 양은

$$W = \int_{6,400}^{16,400} f(y)\ dy = 2.0\times10^{11}\int_{6,400}^{16,400}\frac{1}{y^2}\,dy$$

$$= 2.0\times10^{11}\left[-\frac{1}{y}\right]_{6,400}^{16,400} \approx 19,000,000\,J$$ [17]

16) 뉴턴의 중력법칙(**거리 역제곱 법칙**)

17) J는 일의 단위, **쥬울** Joule. (물리량의 **단위** 참조)

연습문제

• (역학적)일

1. 어떤 물체가 다음 힘을 받아 각각의 경로를 따라 움직일 때, 한 일의 양을 구하라

(1) $F(x, y) = xyi + y^2 j,\ C: r(t) = ti + t^2 j,\ t \in [0, 1]$

해답 $\frac{7}{12}$

(2) $F(x, y, z) = xyi + yz\,j + xz\,k,\ C: r(t) = ti + t^2 j + t^3 k,\ t \in [-1, 1]$

해답 $\frac{10}{7}$

2. 다음을 각각 보여라

(1) F가 $C(t)$의 각 점에서 $C'(t)$에 수직이면, $\int_C F \cdot dP = 0$

(2) F가 $C(t)$의 각 점에서 $C'(t)$에 평행이면, $\int_C F \cdot dP = \int_C \| F \|\ ds$[18)]

3. 지구 중심에서 거리가 y에 위치한 질량 m인 물체에 작용하는 지구의 중력은 $km\frac{1}{y^2}$(k는 상수)이다. 무게가 500kg인 인공위성을 지구표면에서 10,000 km 상공으로 쏘아 올리는데 한 일은 약 $1.9 \times 10^6\ J$임을 보여라. 단, 지구 반지름 6,400 km
(힌트) 지구표면에서 중력 $F = 9.8m$ 로부터 상수 $k \approx 4 \times 10^8$를 구한다.

4. 질량 m $[kg]$인 물체가 받는 지구 중력은 $f(y) = g\frac{m \cdot R^2}{y^2}$ $[N]$이다.
단, $g = 9.8\,[m/\sec^2]$, R : 지구 반지름, y : 지구 중심으로부터 물체까지의 직선거리이다. 질량 1 kg인 물체를 지표면에서 수직 상방으로 무한대까지 이동시키는데 한 일은 62.10^6 $[J]$임을 보여라.

[부록]을 참조하여 다음에 답하시오.

---

18) $\| F \|$는 벡터의 크기를 나타내는 기호로, **노옴** a Norm이라 읽는다. 한편 s는 호의 길이(운동에서는 이동거리)를 나타내는 변수이다.

5. (일과 에너지보존) 선적분은 역학(물리학)에서 한 일의 양을 나타내는 것이다.

(1) 한 일의 양은 운동에너지의 변화량임을 보여라. 즉,

$$(\text{한 일}) = \frac{1}{2}m \| \vec{v}(b) \|^2 - \frac{1}{2}m \| \vec{v}(a) \|^2$$

(힌트) 뉴턴 Newton의 운동법칙 $F(\vec{r}(t)) = m\vec{r}''$

(2) 보존장에 대하여 에너지 보존법칙을 증명하여라.

$$K_E + P_E = \frac{1}{2}m \| X'(t) \|^2 + \varphi(X(t)) = \text{일정}$$

6. 본문에서 직선 방향 운동에 대한 일은 **선적분**이 실제로 그 방향 상의 **정적분**인 이유를 설명하여라.

[부록] 에너지와 일 Energy & Work

힘의 장 F가 질량 m인 질점이 C를 따라 움직이게 해낸 일을 양 끝점(운동의 시점, 종점)에서의 운동에너지 kinetic energy 의 변화량이다.

(운동에너지와 일)

$$\text{일} = \int_C F \cdot dP = (\text{운동에너지의 차})$$

풀이 힘의 장 F가 질량 m인 질점을 $t_0 \le t \le t_1$에 대하여 곡선 C를 따르게 할 때 질점은 **뉴턴 운동법칙** $F(C(t)) = m\,C''(t)$에 따라

$$\begin{aligned}
\text{일}(Work) &= \int_C F \cdot dP = \int_{t_0}^{t_1} F(C(t)) \cdot C'(t)\,dt \\
&= \int_{t_0}^{t_1} m\,C'' \cdot C'\,dt = \frac{m}{2}\int_{t_0}^{t_1} \frac{d}{dt} \| C'(t) \|^2\,dt \\
&= \frac{m}{2} \| C'(t_1) \|^2 - \frac{m}{2} \| C'(t_0) \|^2 = \frac{1}{2}mv^2(t_1) - \frac{1}{2}mv^2(t_0)
\end{aligned}$$ [19]

19) **운동에너지** kinetic energy 는 $\frac{1}{2}(\text{질량}) \cdot (\text{속력})^2$으로 정의되는 물리량이다.

여기서 $v(t) = \| C^{'}(t) \|$ 로 속력(함수)이다.

위치에너지 potential energy ϕ 로 주어지는 **보존장** $F = -\nabla\phi$에 대해서는 다음 정리가 성립하여 **에너지 보존법칙** conservation law 가 성립한다. **보존장에 대해서는 다음 절에서 자세히 다룬다.**

(위치에너지와 일)

$$\text{일} = \int_C F \cdot dP = -(\text{위치에너지의 차})$$

풀이 F는 위치에너지(함수) ϕ를 가지므로, 즉 $F = -\nabla\phi$ 이므로

$$\text{일} = \int_C F \cdot dP = \int_{t_0}^{t_1} [-\nabla\phi]\,(C(t)) \cdot C^{'}(t)\,dt$$

$$= \int_{t_0}^{t_1} \frac{d}{dt}[\,\phi(C(t)]\,dt = -[\,\phi(C(t_1)) - \phi(C(t_0))]$$

[참고] 운동에너지 a Kinetic Energy 를 기호 K 로 나타내어 앞의 내용을 요약하면

$$\text{일} = \int_C F \cdot dP = \Delta K \ (\text{운동에너지의 차})$$

$$= -\Delta\phi \ (\text{위치에너지의 차})$$

즉,

$$[K + \phi]_{t_1} = [K + \phi]_{t_0}$$

그런데 (역학적) 에너지는 $E = K + \phi$ 로 정의되는 **물리량**이다. 그러므로 에너지의 양은 시간에 대한 **불변량**임을 알 수 있다. (**에너지 보존법칙**)[20]

20) **[주의] 물리**에서는 $F = -\nabla\phi$ 인 함수 ϕ를 F의 위치에너지(함수)로 정의한다. 앞으로는 **수학**에서는 편의상 간단히 $F = \nabla\phi$로 정의하기로 한다.

3. 선적분 기본공식 line integral

$$\int_C F \cdot dP = \varphi(C\text{의 종점}) - \varphi(C\text{의 시점})$$

대수학의 기본정리, 미·적분 기본정리 I, II 와 같이 **기본정리**라는 명칭은 극히 제한적으로 사용된 것을 알 수 있다. 그것은 그만큼 깊은 뜻의 본질적 정리라는 것을 의미한다. 여기서는 편의상 벡터의 선적분에 대한 다음 정리를 기본정리라고 부르기로 한다.

정 의

(보존장, 위치에너지)

$F = \nabla\varphi$ 인 φ를 벡터장 F의 **위치에너지** Potential(Energy) 함수라 한다. 한편, 위치에너지 함수의 **기울기 벡터**로 나타나는 벡터장 F를 **보존장** Conservative Field이라 한다.[21)]

벡터장이 보존장인지 여부를 판별하고, 그 위치에너지 함수를 구하는 일은 잠시 뒤로 미루어 두자. 우선 보존장이 갖는 가장 중요한 성질을 다루기로 한다. 벡터장 F가 위치에너지 φ를 가질 때, 즉, $F = \nabla\varphi$ 에 대해서 다음 기본정리가 성립한다.

정리 선적분의 기본 공식

$$\int_C F \cdot dP = \varphi(C\text{의 종점}) - \varphi(C\text{의 시점})$$

[기본공식 증명] 경로 $C : [t_0, t_1] \to R^n$ 에 대하여

$$\int_C F \cdot dP = \int_{t_0}^{t_1} (\nabla\varphi)(C(t)) \cdot C'(t)\, dt$$

$$= \int_{t_0}^{t_1} \frac{d}{dt}[\varphi(C(t))]\ dt = [\varphi(C(t)]_{t_0}^{t_1}$$ [22)]

21) 보존장은 그 형태가 **기울기 벡터**이다. 보존장의 예는 중력장(일반적으로 중심장 형태)등이 있다.

22) **[물리적 해설]** 중력장과 같은 중심장 형태는 보존장이다. 중력이 물체에 한 일의 총량은 운동 경로의

선적분의 기본정리에 따라 다음 결과들을 얻는다.

따름 정리

F가 **보존장** a conservative field일 때

(1) C가 **닫힌 경로** a closed path[23]일 때, $\int_C F\cdot dP = 0$.

(2) 선적분은 **경로에 무관** independent of path 함을 알 수 있다.

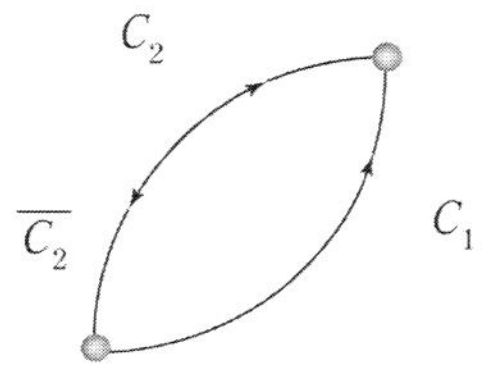

(1)의 해설 $C(t_0) = C(t_1)$이므로 **[선적분 기본공식]**의 직접적인 결과이다.

(2)의 해설 $\overline{C_2}$는 C_2의 반대방향인 **역경로**라 하면

기호 $C_1 + \overline{C_2}$는 **닫힌 경로**를 나타내므로 (1)에 따라 $\int_{C_1+\overline{C_2}} F\cdot dP = 0$. 즉,

$$\int_{C_1} F\cdot dP = -\int_{\overline{C_2}} F\cdot dP$$

그런데 선적분의 정의를 생각하면 $\int_{\overline{C_2}} F\cdot dP = -\int_{C_2} F\cdot dP$, 즉 $\int_{C_1} = \int_{C_2}$.

연습문제

1. 벡터장 $F(x,y) = (P(x,y), Q(x,y))$에 대한 다음 각각의 **미분방정식** differential equation의 해에 대한 설명을 하여라.

(1) $\dfrac{dy}{dx} = \dfrac{Q}{P}$의 해는 벡터장 F의 **작용선**(a flow line). 특히,

(2) F는 보존장 (즉, $F = \nabla\phi$)일 때, 미분방정식 $\dfrac{dy}{dx} = -\dfrac{P}{Q}$의 해는 **등－퍼텐셜 곡**

형태에 관계없이 운동의 시점과 종점에서의 위치에너지의 차로 주어진다.

23) 시점 initial point과 종점 terminal point이 같은 경로를 **닫힌 경로** a closed path라 한다.

선(등-위치에너지 곡선) $\phi(x, y) = c$임을 보여라.

2. (중심장) 위치벡터에 비례하는 벡터장 F 을 **중심장** a central field 이라고 한다. 평면의 중심장은 $F(x, y) = f(x, y)(x\,i + y\,j)$ 형태로 나타난다. F가 중심장일 때 원점을 중심으로 하는 모든 원호 C에 대하여 $\oint_C F \cdot dP = 0$임을 보여라.

3. (위치에너지, 보존장) 다음 두 함수의 쌍으로 나타나는 벡터장

$$F(x, y) = (6xy - y^3, 4y + 3x^2 - 3xy^2)$$

은 위치에너지 함수를 갖는지 판단하고, **위치에너지 함수**를 구하여라.

해답 $\phi(x, y) = 3x^2y - xy^3$

4. **(만유인력, 뉴턴)** $r = x\,i + y\,j + z\,k$ 일 때, 중심으로부터 거리가 $\| r \|$ 인 위치한 질량 m인 물체에 작용하는 중력은 다음 뉴턴의 중력법칙을 따른다. 중력장 F에 대하여 답하여라.

$$F = -\frac{GmM}{\| r \|^3}\, r \quad (G: \text{만유인력 상수(중력상수)},\ M: \text{지구 질량})$$

(1) 중심장임을 보여라.

(2) 보존장임을 보여라.

(3) 위치에너지 함수는 $\varphi = GmM\frac{1}{\| r \|}$ 임을 확인하여라.

4. 그린정리 Green

그린 정리는 **단일 폐곡선**[24] a simple closed path C를 따른 선적분과 C에 의해 유계된 영역 R상의 중적분 사이의 관계를 알려 준다.

그린 정리에 대해서는 주어진 영역과 그 경계에 따른 여러 가지 버전이 많이 있으나, 그

24) (시점)=(종점)이고, 꼬이지 않은(즉, 1대1) 곡선. 위상수학 Topology에서는 원 circle과 **연결 상태가 같은**(homeomorphic) 곡선이라 한다.

경계를 각각 x 또는 y의 함수로 쉽게 나타낼 수 있는 **(표준)영역**에 대하여 취급한다.

(유계)영역 R의 경계 곡선 C는 구분적 일급 곡선으로 단일 폐곡선이다. 일급 벡터장 $F = Pi + Qj$에 대하여 다음 정리가 성립한다.

정리 그린 정리 Green[25)]

$$\oint_C P(x,y)dx + Q(x,y)dy = \int\int_\Omega \left(\frac{\partial Q}{\partial x} - \frac{\partial P}{\partial y} \right) dx dy$$

증명 그림과 같은 **(표준)영역**에 대하여 증명하기로 한다. 우선, **오른쪽 그림**에 대하여

$$\begin{aligned}\int\int_\Omega \frac{\partial P}{\partial y}\, dx\, dy &= \int_a^b \int_{\phi_1(x)}^{\phi_2(x)} \frac{\partial P}{\partial y}\, dy\, dx \\ &= \int_a^b \left[P(x,y) \right]_{\phi_1(x)}^{\phi_2(x)}\, dx \\ &= \int_a^b [P(x, \phi_2(x)) - P(x, \phi_1(x))]dx = -\oint_C P(x,y)dx \quad \cdots (1)\end{aligned}$$

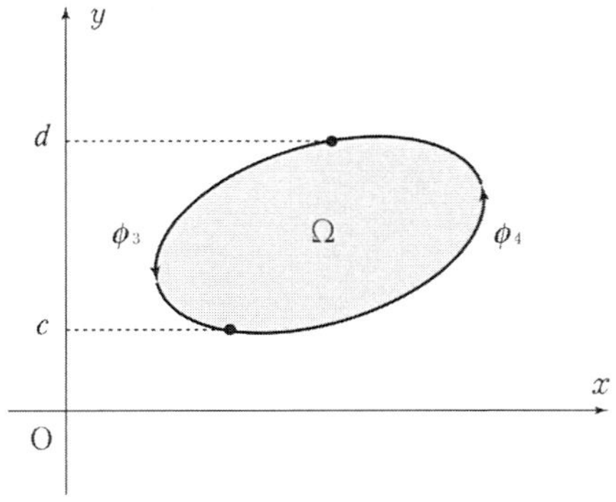

형태2

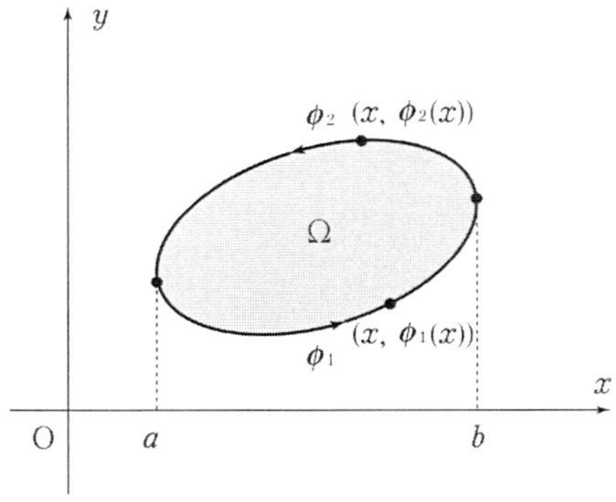

형태1

이제 **왼쪽 그림**에 대한 $\int\int_\Omega \frac{\partial Q}{\partial x} dx dy = \int_c^d \int_{\phi_3(y)}^{\phi_4(y)} \frac{\partial Q}{\partial x}\, dx\, dy$에 대하여 정리하면 **(계산과정 생략)**

$$\int\int_\Omega \frac{\partial Q}{\partial x}\, dx\, dy = \oint_C Q(x,y)\, dy \quad \cdots (2)$$

(1), (2)로부터 그린 정리를 얻는다.

25) 영국의 수리물리학자인 그린 George Green(1793~1841경)의 이름을 따서 명명한 공식이다.

다중연결 영역에 대한 그린 정리[26]

정리 다중연결 영역: 그린 정리 I

$$\int\int_A \left(\frac{\partial Q}{\partial x} - \frac{\partial P}{\partial y}\right) dxdy = \oint_{C_1} F\cdot dP + \oint_{C_2} F\cdot dP$$

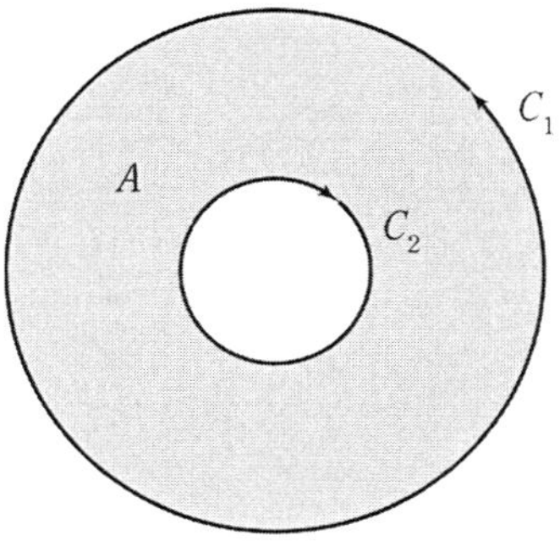

[증명 개요]

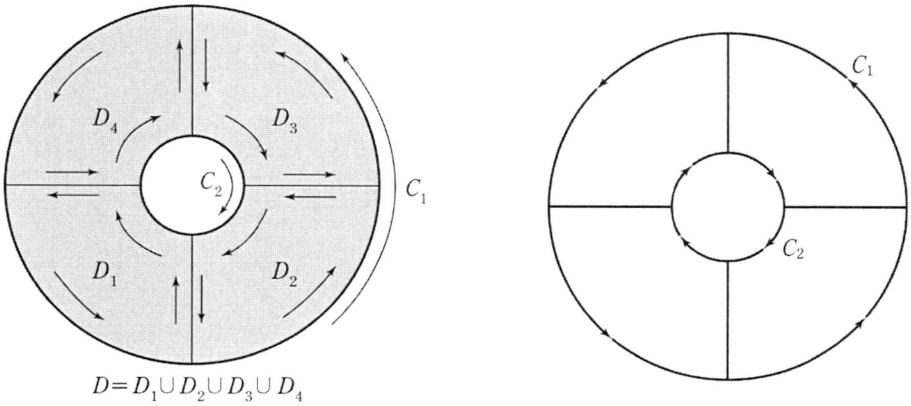

원환은 그림과 같이 4개의 표준영역으로 나누어진다. 따라서 각각의 영역에 그린정리를 적용한다. 그 결과 4개의 중적분은 원환상의 적분으로 합쳐지고, 공통 경계 상에서 선적분 방향이 반대로 소거되므로 선적분들은 바깥 원(반시계 방향)과 안쪽 원(시계 방향) 상의 선적분으로 합쳐진다.

26) **원환** 圓環 annulus과 같이 고리 모양 영역을 **다중(연결) 영역** multiply connected region이라 한다. 원판 disc은 **단일(연결) 영역** simply connected region이라 한다.

앞의 정리의 결과를 주의 깊게 살펴보자. 경계가 두 개 있는 영역이고 두 개의 경계상의 선적분으로 남음을 주의한다. 바깥 경계는 **시계 반대방향**, 안쪽 경계는 **시계 방향**이다.

일상용어로 표현하면 다음과 같다.

「경계를 따라 걸을 때 **영역이 왼편에 놓이게 되면**, 그 방향을 **양의 방향**」이라 한다.

[고안 정의] 이를테면, **경계가 두 개** 이상의 영역에 대하여 **외부경계는 시계 반대 방향, 내부 경계들은 시계 방향**인 것이 **양의 방향**(Positively Oriented)이 되는 것이다.

따라서 앞 정리에서 영역의 두 가지 경계의 방향을 간단히 **양의 방향**이라고 부를 수 있다.

다음 그림과 같은 다중영역에 대한 그린정리는 다음과 같다.

정리 다중연결 영역: 그린정리 II

$$\iint_R \left(\frac{\partial Q}{\partial x} - \frac{\partial P}{\partial y}\right) dxdy = \oint_{C_0} F \cdot dP + \oint_{C_1} F \cdot dP + \oint_{C_2} F \cdot dP$$

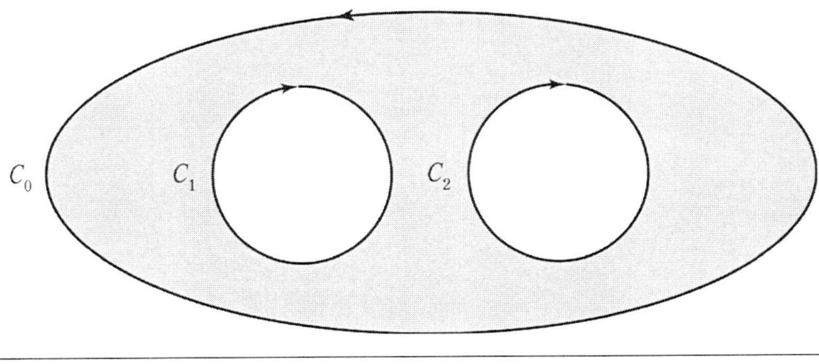

여기서 **외부 원**은 시계 반대방향, **내부 원**은 시계 방향이다. 이것을 경계의 향이 **양의 방향**이라고 말할 수 있다.

단일 폐곡선 a simple closed curve C 가 둘러싼 영역을 R 이라 하면 그 경계인 선적분으로 다음과 같이 나타낼 수 있다. 그린정리의 직접적인 결과이다. **연습으로 남긴다.**

따름 정리

$$Area(R) = \frac{1}{2}\oint_C x\,dy - y\,dx$$

$$Area(R) = \oint_C x\ dy$$

$$Area(R) = \oint_C -y\ dx$$

연습문제

1. 다음 직사각형 영역에 대하여 그린정리를 증명하여 보아라.

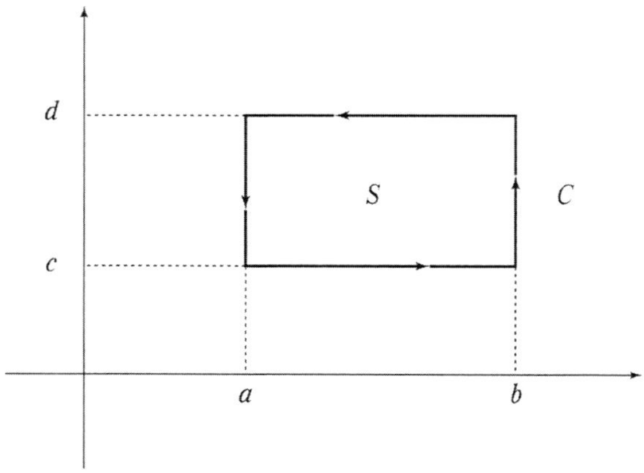

2. 좌표평면에서 원 $x^2+y^2=4$ 위를 반시계방향으로 한 바퀴 도는 곡선을 C라 할 때 $\int_C (3+y\,x^2)\,dx + (2-xy^2)\,dy$의 값을 구하시오.

해답 -8π

3. 앞 문제에 대하여 $\iint_D \left[\frac{\partial}{\partial x}(2-xy^2)-\frac{\partial}{\partial y}(3+yx^2)\right]$ 를 계산하여 그린**정리를 확인**하시오.

4. 본문에 있는 다음 정리를 증명하여라.

> **따름 정리**
>
> **단일 폐곡선**(a simple closed curve) C가 둘러싼 영역 R에 대하여
>
> (1) $Area(R)=\frac{1}{2}\oint_C x\,dy-y\,dx$ (2) $Area(R)=\oint_C x\ dy$

5. 곡선 $r=f(\theta)$, 단, $\alpha\le\ \theta\le\beta$ 로 둘러싸인 넓이 공식 $\int_\alpha^\beta \frac{r^2}{2}\,d\theta$ 를 [그린정리]를 이용하여 유도하여 보아라.

6. 네 개의 첨점 cusp 을 갖는 곡선hypo−cycloid $x^{\frac{2}{3}}+y^{\frac{2}{3}}=a^{\frac{2}{3}}$ 로 둘러싸인 넓이를 [그린정리]를 이용하여 구하라.(단, $a>0$)

해답 $\frac{3}{8}a^2\pi$

• 각 원소 벡터장의 선적분

7. 평면곡선 $c(t)=(cos\ t,\ sin\ t)$, $t\in[0,2\pi]$ 에 대하여 선적분

$$\int_C \frac{-y}{x^2+y^2}\,dx+\frac{x}{x^2+y^2}\,dy$$

의 값을 구하시오.

해답 2π

8. $\frac{\partial Q}{\partial x}=\frac{\partial P}{\partial y}$ 인 벡터장 $F=P(x,y)i+Q(x,y)j$는 **보존장**이다.

(1) $F=\frac{-y}{x^2+y^2}i+\frac{x}{x^2+y^2}j$ 는 $R^2-\{O\}$, 즉 원점을 품지 않는 영역 상에서는

보존장임을 보여라.

(2) 단위원 C와 그 내부인 단위 원판 D상에는 [그린 정리]가 **성립하지 않음을 확인**하여라.

9. 곡선 $C : [t_0, t_1] \to R^2$상의 벡터장 $F = \dfrac{-y}{x^2+y^2} i + \dfrac{x}{x^2+y^2} j$에 대하여 다음을 보여라. 또, 이것을 이용하여 앞의 문제를 설명하여라.

$$\int_C F \cdot dP = \theta(t_2) - \theta(t_1)$$

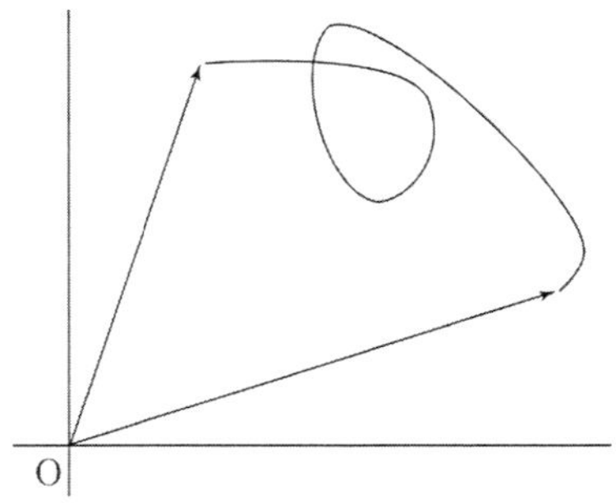

10. $C(t) = (\cos 2t, \sin 2t)$, $t \in [0, 2\pi]$에 대한

$$\int_C \frac{-y}{x^2+y^2} dx + \frac{x}{x^2+y^2} dy$$

의 값을 구하시오.

해답 4π

5. 곡면적분 : 유량 a flux

$$\iint_S F \cdot n \ dS = (a \ flux)$$

유량 a flux

곡면 S에 대하여 **단위 법벡터** unit normal vector를 n으로 쓰면, 유체 흐름의 속도벡터 v에 밀도함수 ρ를 곱한 벡터장 $F = \rho v$의 곡면 S에 대한 수직방향 성분

$$F \cdot n = \| F \| \| n \| \cos \theta$$

이므로

$$F \cdot n \ \triangle S$$

는 벡터장 F의 곡면 수직방향 성분에 **곡면의 단위면적** $\triangle S$ 에 곱한 것이므로 **단위시간에 곡면의 단위면적을 통과하는 유량**을 나타내는 것이 되어, 곡면상의 적분

$$\iint_S F \cdot n \ dS$$

는 **단위시간당 곡면** S**를 통과하는 총 유량**을 나타낸다. 이를테면, 열의 전도에 적용하면 이 곡면 적분은 단위시간 당 전도되는 열의 총량을 계산하는 것이 된다.

흐름을 잃지 않도록 **곡면의 넓이소** dS **의 계산공식**은 단원의 끝에서 하기로 한다.

유량은 유체가 주어진 곡면을 단위시간 당 통과하는 총량이다. 이러한 유량을 정의하기 위하여 유체가 지나는 곡면의 안과 밖이 명백하게 구분되어야 하는 것이다.

곡면이 이러한 성질은 이 곡면 위에 연속적 (단위)법벡터장 n이 있는지 여부로 말할 수 있다. 이러한 곡면을 방향을 줄 수 있는 곡면, **유향곡면** Orientable Surface이라 한다. 이때, 외향 outward 단위법벡터 n 방향을 곡면 S의 바깥쪽, 그 반대방향 $-n$을 곡면 S 안쪽 inward이라고 한다.[27)]

따라서 벡터장에 대한 곡면 적분은 항상 유향곡면만을 생각하기로 한다. 이제 **단위 법벡터** n이 주어진 곡면 S 와 공간 벡터장 F 에 대하여 곡면 적분 $\iint_S F \cdot n \ dS$를 정의하여 보자.

정 의

곡면 S 위에서 정의된 벡터장 F에 대하여

$$\iint_S F \cdot n \ dS$$

을 곡면 S 위에서 **벡터장** F**에 대한 곡면적분**이라 한다.

---

27) **뫼비우스 Möbius 띠**는 면의 안쪽과 바깥쪽이 구별되지 않는 대표적 곡면으로, 이러한 곡면을 향을 줄 수 없는 곡면 Non-orientable Surface이라 한다.

예 제

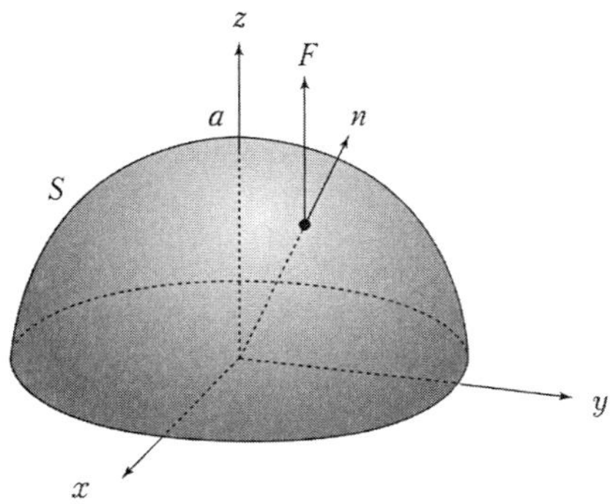

유체의 속도벡터가 $F = v_0 k$이고, 곡면 S 는 반지름이 a 인 북반구로써 위를 향한 단위 법선벡터장 (즉, k 성분이 양(또는 z축 방향)) 이 주어져 있다. 이 때 유량 $\iint_S F \cdot n \, dS$를 구하여 보자.

풀이 우선, 구면위의 각 점 $P(x, y, z)$에서 주어진 단위 법선벡터는 방사형 radial 벡터로, 그 크기 $\sqrt{x^2 + y^2 + z^2}$ 로 단위화한

$$n = \frac{x i + y j + z k}{\sqrt{x^2 + y^2 + z^2}}, \text{ 즉 } n = \frac{x i + y j + z k}{a}$$ [28]

따라서 $F \cdot n = \dfrac{(v_0)z}{a}$이므로

$$\iint_S F \cdot n \, dS = \frac{v_0}{a} \iint_S z \, dS$$

그런데 북반구면 S 를 구면좌표를 이용하면, **곡면의 넓이소** area element는 다음과 같다. 흐름을 끊지 않도록 **계산은 단원의 끝부분에 하기로 한다.**

$$dS = \| N \| \, d\phi \, d\theta = (a^2 \sin \phi) \, d\phi \, d\theta$$

따라서

$$\begin{aligned}\iint_S F \cdot n \, dS &= \frac{v_0}{a} \int_0^{2\pi} \int_0^{\frac{\pi}{2}} (a \cos \phi)(a^2 \sin \phi \, d\phi \, d\theta) \\ &= 2\pi a^2 v_0 \int_0^{\frac{\pi}{2}} \sin \phi \cos \phi \, d\phi \\ &= 2\pi a^2 v_0 \int_0^{\frac{\pi}{2}} \frac{\sin 2\phi}{2} \, d\phi \\ &= 2\pi a^2 v_0 \left[-\frac{\cos 2\phi}{4} \right]_0^{\frac{\pi}{2}} = \pi a^2 v_0\end{aligned}$$

28) 벡터장은 (원심적)**중심장**이다.

그래프 곡면에 대한 유량

곡면 S가 $z=z(x,y)$일 때, 곡면 S를 xy 평면으로 정사영한 영역 D_{xy}일 때 다음과 같이 계산된다. 곡면은 양의 방향으로 주어지므로 여기서는 **상향** upward 단위법벡터 n을 계산하게 된다.

도움 정리

$$\iint_S F\cdot n\ dS=\iint_{D_{xy}}\left(-P\frac{\partial z}{\partial x}-Q\frac{\partial z}{\partial y}+R\right)dx\,dy$$

[간단한 증명] 곡면 $S: z=f(x,y)$ 를 $xy-$평면에 정사영한 영역을 D_{xy}로 쓰면,

$$n=\frac{-\dfrac{\partial z}{\partial x}i-\dfrac{\partial z}{\partial y}j+k}{\sqrt{\left(-\dfrac{\partial z}{\partial x}\right)^2+\left(-\dfrac{\partial z}{\partial y}\right)^2+1^2}}$$

그리고 곡면의 넓이소 (**단원 끝 참조**)

$$dS=\sqrt{(-\frac{\partial z}{\partial x})^2+(-\frac{\partial z}{\partial y})^2+1^2}\ dx\,dy$$

이므로

$$\begin{aligned}\int\int_S F\cdot n\,dS&=\int\int_{D_{xy}}(Pi+Qj+Rk)\cdot\left(-\frac{\partial z}{\partial x}i-\frac{\partial z}{\partial y}j+k\right)dx\,dy\\&=\int\int_{D_{xy}}\left(-P\frac{\partial z}{\partial x}-Q\frac{\partial z}{\partial y}+R\right)dx\,dy\end{aligned}$$

예 제

곡면 $z=1-(x^2+y^2)$, $z\geq 0$ 일 때 n 을 **상향** upward 단위법벡터로 잡을 때, (유체)흐름의 속도벡터장 $v=xi+yj+zk$ 에 대하여, $\iint_S v\cdot n\ dS$을 계산하여라.

풀이 곡면 S의 $xy-$평면 정사영 $D=x^2+y^2\leq 1$이므로, **[도움 정리]**로부터

$$\iint_S v\cdot n\ dS=\iint_D\left(-x\frac{\partial z}{\partial x}-y\frac{\partial z}{\partial y}+z\right)dx\,dy$$

그런데 $z = 1-(x^2+y^2)$이므로, $\dfrac{\partial z}{\partial x} = -2x$, $\dfrac{\partial z}{\partial y} = -2y$

$$= \iint_D \{-x(-2x)-y(-2y)+1-(x^2+y^2)\}\, dx\, dy$$

$$= \int_0^{2\pi}\int_0^1 (1+r^2)\, r\, dr\, d\theta = \frac{3}{2}\pi = \frac{3}{2}\pi$$

이제 단원을 마무리하기 위하여 **곡면의 넓이소** Surface Area Element **공식**을 유도하기로 한다.

곡면의 넓이소

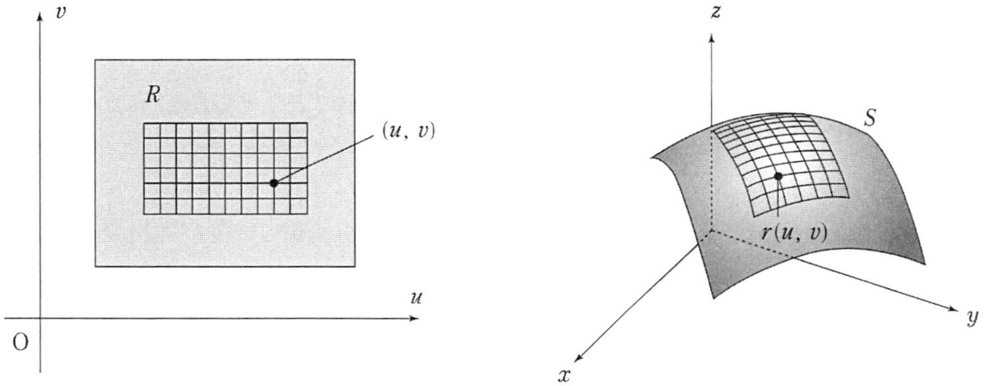

매개변수 곡면 S 란 $uv-$평면의 영역 D를 $xyz-$공간의 점에 대응하는 함수 r 이다. 우리가 보통 곡면이라고 부르는 점집합은 함수 r 의 상image 집합을 뜻한다. 매개변수 (u, v) 에 해당하는 곡면의 점(또는 위치벡터)의 좌표를

$$r(u,v) = (x(u,v), y(u,v), z(u,v))$$

와 같이 함수 $r : D(\subseteq R^2) \to R^3$ 를 써서 나타낸다. 또, 두 접벡터

$$r_u = \frac{\partial r}{\partial u} = (x_u, y_u, z_u) = \frac{\partial x}{\partial u}i + \frac{\partial y}{\partial u}j + \frac{\partial z}{\partial u}k$$

$$r_v = \frac{\partial r}{\partial v} = (x_v, y_v, z_v) = \frac{\partial x}{\partial v}i + \frac{\partial y}{\partial v}j + \frac{\partial z}{\partial v}k$$

가 모든 점에서 $\overrightarrow{O}$ 이 아니며, 서로 평행하지 않은 벡터일 때, 즉, $r_u \times r_v \neq \overrightarrow{O}$ 일 때

S를 **정규곡면** a regular surface이라 한다.

Δu, Δv가 매우 작을 때를 생각하면 굽은 곡면조각 S_i 는 거의 평면을 이루며, 그 변들도 거의 직선 모양이 되어 그 넓이 ΔS_i는 벡터 $r_u(u_i, v_i)\Delta u$, $r_v(u_i, v_i)\Delta v$가 이루는 평행사변형의 넓이 ΔP_i와 거의 같아진다. 즉, $\Delta S_i \approx \Delta P_i$

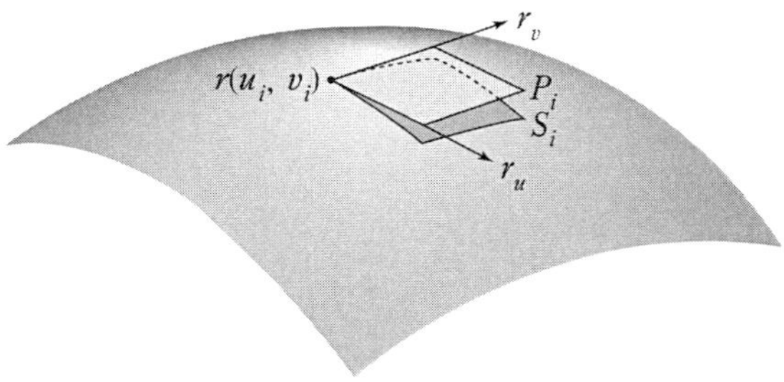

그런데,

$$\begin{aligned}\Delta P_i &= \| r_u \Delta u \times r_v \Delta v \| = \| r_u \times r_v \| \Delta u \Delta v \\ &= \| N(u_i, v_i) \| \Delta u \Delta v\end{aligned}$$

여기서 $N = r_u \times r_v$는 곡면 S에 **법벡터** normal vector이다. 따라서 곡면 S의 넓이

$$A(S) = \lim_{n \to \infty} \sum_{i=1}^{n} \Delta S_i = \lim_{n \to \infty} \sum_{i=1}^{n} \Delta P_i$$

이므로

$$\begin{aligned}A(S) &= \iint_D \| N \| \, du\, dv \\ &= \iint_D \| r_u \times r_v \| \, du\, dv\end{aligned}$$

정 의

(**곡면의 넓이소** Surface Area Element)

$$dS = \| N \| \, du\, dv$$

정리 곡면 S 의 넓이

$$A(S) = \iint_S dS$$

$$= \iint_D \| N \| \, du\, dv$$
$$= \iint_D \| r_u \times r_v \| \, du\, dv$$

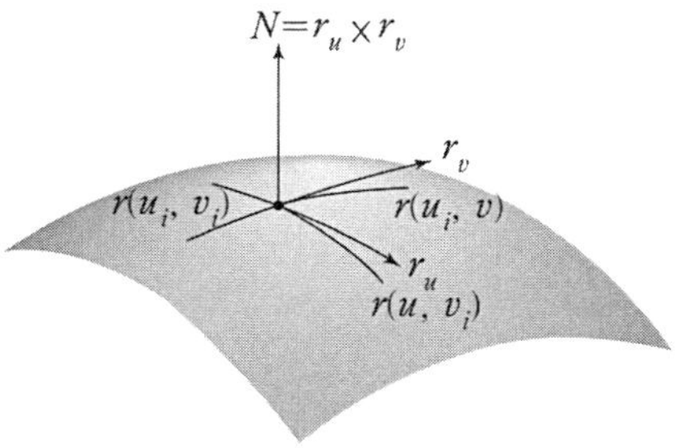

앞의 공식은 기하를 담는 편리한 식이지만, 계산에 편리한 식이 아니다. 주어진 식으로 계산 가능하게 나타내어 보자.

그래프 곡면 넓이

첫 번째로 $(x, y) \in D$ 상의 그래프 곡면 $z = f(x, y)$의 넓이 공식은 다음과 같음을 보이자.

예 제

그래프 곡면의 면적은 다음과 같이 계산할 수 있음을 보이자.

$$A(S) = \iint_D \sqrt{(-f_x)^2 + (-f_y)^2 + 1^2} \; dx\, dy$$

풀이 곡면 $S : r(x, y, z) = x\, i + y\, j + f(x, y)\, k$이므로

$$N = r_x \times r_y = \begin{vmatrix} i & j & k \\ 1 & 0 & f_x \\ 0 & 1 & f_y \end{vmatrix} = (-f_x) i + (-f_y) j + k$$

예 제

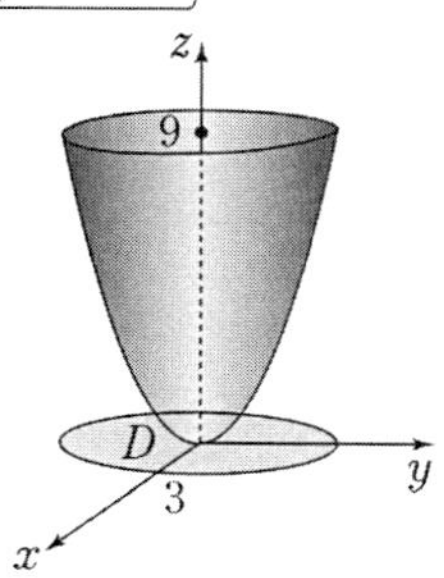

포물면 $z = x^2 + y^2$ 의 $D : r \le 3$ 상의 면적을 구하자.

풀이 $A(S) = \iint_D \sqrt{4x^2 + 4y^2 + 1} \; dx\, dy$

극좌표를 사용하여 중적분을 하면

$$= \int_0^{2\pi} \int_0^3 \sqrt{1 + 4r^2} \; r\, dr\, d\theta = \frac{\pi}{6}(37\sqrt{37} - 1)$$

이제 단원을 마무리하기 위하여, **[구면좌표]**를 이용하여 북반구면 S의 넓이소 $dS = \| N \| \, d\phi \, d\theta = (a^2 \sin\phi) \, d\phi \, d\theta$임을 보이자.

[구면의 넓이소] ϕ, θ를 매개변수로 하여

$$r(\phi, \theta) = (x(\phi, \theta), y(\phi, \theta), z(\phi, \theta))$$

$x = a\sin\phi\cos\theta$, $y = a\sin\phi\sin\theta$, $z = a\cos\phi$, $(\phi, \theta) \in [0, \frac{\pi}{2}] \times [0, 2\pi]$ $(= D)$

이므로

$$\| N \| = \begin{vmatrix} i & j & k \\ x_\phi & y_\phi & z_\phi \\ x_\theta & y_\theta & z_\theta \end{vmatrix} \text{의 크기}$$

$$= \begin{vmatrix} i & j & k \\ x_\phi & y_\phi & (-a\sin\phi) \\ x_\theta & y_\theta & 0 \end{vmatrix} \text{의 크기}$$

(행렬식 전개 생략)

$= \sqrt{(-a^2\sin^2\phi\cos\theta)^2 + (-a^2\sin^2\phi\sin\theta)^2 + (a^2\cos\phi\sin\phi\cos^2\theta + a^2\cos\phi\sin\phi\sin^2\theta)^2}$

$= \sqrt{a^4\sin^4\phi + (a^2\cos\phi\sin\phi)^2}$

$= a^2\sqrt{\sin^2\phi(\sin^2\phi + \cos^2\phi)} = a^2\sin\phi$

연습문제

1. 곡선 $y = f(x)$, $a \le x \le b$를 $x-$축 둘레로 회전시켜 얻어진 회전면 a surface of rerolution S를 생각하자. **(회전면의 넓이공식)**$= 2\pi\int_a^b f(x)\sqrt{1 + [f'(x)]^2}\, dx$을 유도해 보자. 단, $f \ge 0$이고 f'은 연속이다.

(힌트) θ: x축 둘레 회전각으로 쓰면,

$x = x$, $y = f(x)\cos\theta z = f(x)\sin\theta$

단, $a \le x \le b$, $0 \le \theta \le 2\pi$

2. 등위곡면 S: $f(x, y, z) = 0$의 넓이 공식을 유도하시오.

> **등위곡면의 넓이**
>
> $$A(S) = \int\int_D \frac{\sqrt{(f_x)^2 + (f_y)^2 + (f_z)^2}}{|f_z|} \, dx\, dy$$

(힌트) z−축 방향 단위벡터 k와 등위곡면에 수직벡터 ∇f의 사이 각이 θ로 쓰면, 곡면의 넓이소의 정사영 $|\cos\theta|\, dS = dA$

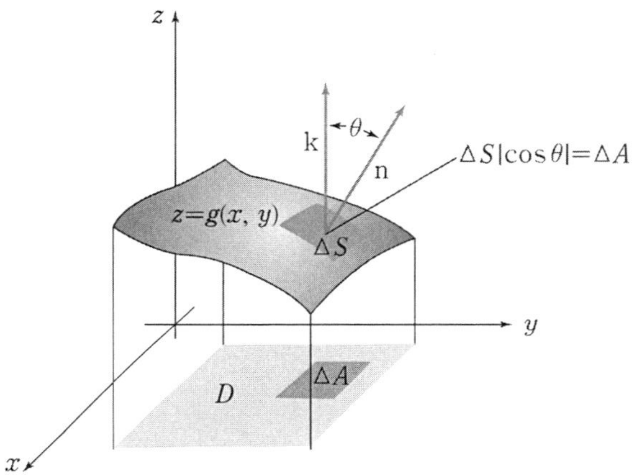

3. 이 공식을 이용하여 구면 $x^2 + y^2 + z^2 = R^2$의 넓이를 구하자.

해답 $A(S) = \int\int_D \frac{\sqrt{(2x)^2 + (2y)^2 + (2z)^2}}{|2z|} \, dx\, dy = 4\pi R^2$

4. 본문의 **그래프 곡면** $z = g(x, y)$, $(x, y) \in D$의 넓이공식을 다음과 같이 **등위곡면** $f(x, y, z) = z - g(x, y) = 0$으로 나타내어 구하라.

5. 세점 $(1, 0, 0)$, $(0, 1, 0)$, $(0, 0, 1)$을 꼭지점으로 하는 삼각형 S상의 적분 $\int\int_S x \, dS$를 구하라.

해답 $\frac{\sqrt{3}}{6}$

(힌트) S가 xy 평면과 일정한 각 θ를 이루고

$$dS = \frac{1}{\cos\theta} dA, \quad \cos\theta = n \cdot k = \frac{1}{\sqrt{3}}$$

6. 스토크스 정리 Stokes

$$\nabla \times F \approx \text{(회전변화율)}$$[29]

벡터장의 곡면 상의 적분 $\iint_S (\nabla \times F) \cdot n \, dS$ 형태의 계산에 유용한 정리가 스토크스 Stokes 정리이다. 벡터장 $\nabla \times F$의 곡면 S상의 유량 a flux 계산에 편리한 공식이다. 곡면 상의 벡터장의 적분 표현은 몇 가지 형태로 나타나므로 각 표현의 뜻을 이해하도록 한다.

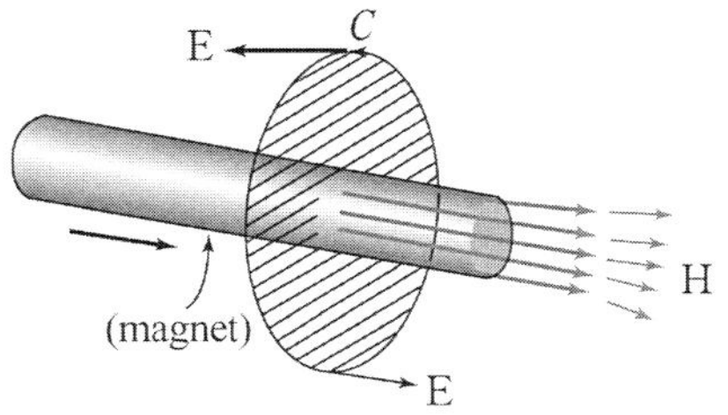

스토크스 정리는 면 S의 경계 곡선 C가 곡면 S에 대해 **양의 향** 갖는 단위법벡터 n에 대하여 정리되어 있음을 주의한다.

정 의

공간에 주어진 곡면 S 위의 (연속) 단위 법벡터장 n에 의하여 향이 주어졌다 하자 oriented. 곡면의 경계 곡선 C는 단위 접벡터장 T에 의하여 향이 주어져 있다면 S에 접하는 벡터 $n\times T$가 S의 안쪽을 향할 때 T가 n에 대하여 양의 방향으로 놓여 있다. 또는 C가 S에 대하여 **양의 향**을 갖는다 한다.

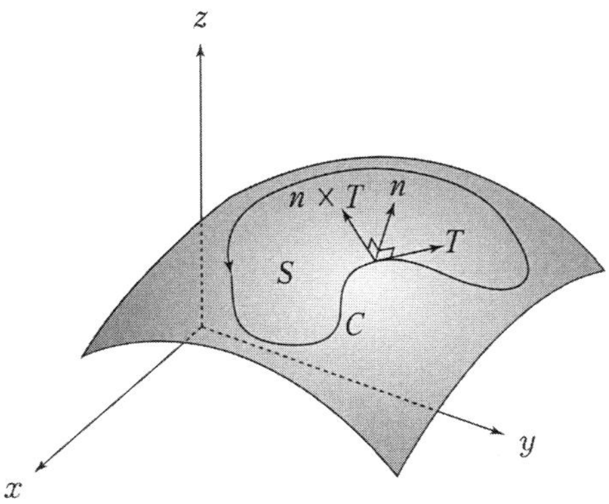

이것을 일상용어로 간단히 표현하면, 다음과 같다.

곡면 S의 경계 곡선 C가 **양의 향** Positive oriented
S의 경계 C를 따라 걸으면 영역 S가 **왼쪽에 놓이게 될 때** 접벡터 T 방향이고 **머리**

29) $\nabla \times F \approx$ (F의 **회전변화율**) 을 나타내는 **물리량**이다. (참고 도서 해설 참조)

가 n **방향**이라는 뜻이다.[30)]

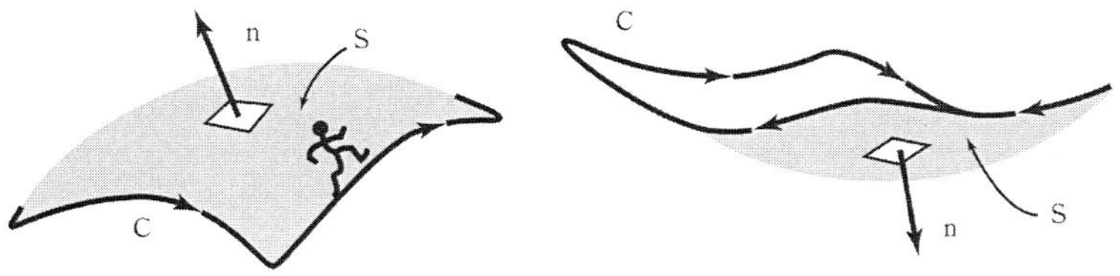

S는 조각 미분가능한 (유계) **유향 곡면**이고, 그 경계 곡선인 C도 조각별 미분 가능하고 S에 대하여 **양의 향**을 갖고 있을 때, **일급벡터장** F에 대하여 스토크스 정리가 성립한다.[31)]

정리 스토크스 정리 Stokes

$$\iint_S \nabla \times F \cdot n\, dS = \int_C F \cdot dP$$

벡터표현을 **성분으로 나타내어** 증명하기로 한다. $F = P(x,y,z)i + Q\,j + R\,k$일 때 $\nabla \times F = \begin{pmatrix} i & j & k \\ \dfrac{\partial}{\partial x} & \dfrac{\partial}{\partial y} & \dfrac{\partial}{\partial z} \\ P & Q & R \end{pmatrix} = (Q_x - P_y)i + (R_y - Q_z)j + (P_z - R_x)k$, 그리고 곡면소 dS의 각 평면방향 정사영은

$$k \cdot n\, dS = dx\, dy$$
$$j \cdot n\, dS = dz\, dx$$
$$i \cdot n\, dS = dy\, dz$$

이므로 **(좌변)의 성분 표현**은 다음과 같은 형태가 된다.

정리 스토크스 정리: 성분

$$\iint_S (Q_x - P_y)\,dx\,dy + (R_y - Q_z)\,dy\,dz + (P_z - R_x)\,dz\,dx = \oint_C P\,dx + Q\,dy + R\,dz$$

---

30) 특히, xy 평면 영역에서는 $n = k$ 로 하면, **시계 반대 방향**이 양의 방향이다.

31) 기호로 $F \in C^1$. 각 성분(함수)들이 연속적 미분가능 continuously differentiable.

예 제

$F=\left(\frac{z^4}{4}+x^3\right)i+(4x)j+(xz^3+z^2)k$, S는 북반구면 $x^2+y^2+z^2=1,\ z\geq 0$일 때 **스토크스 정리를 확인하자.**

풀이 $\nabla\times F=4k$이므로

$$\iint_S \nabla\times F\cdot n\, dS=4\iint_S k\cdot n\, dS$$

그런데 $dS=\frac{1}{|n\cdot k|}dx\,dy$ **(정사영)** 이므로

$$=4\iint_{D_{xy}} k\cdot n\frac{1}{|n\cdot k|}dx\,dy$$

S는 구면이므로 $n=\frac{1}{r}\vec{r}=\frac{1}{\sqrt{x^2+y^2+z^2}}(x,y,z)=(x,y,z)$.[32] 따라서

$$\iint_S \nabla\times F\cdot n\, dS=4\iint_{D_{xy}} k\cdot(xi+yj+zk)\frac{1}{|(xi+yj+zk)\cdot k|}dx\,dy$$

$$=4\iint_{D_{xy}} 1\, dx\,dy=4\,Area(D_{xy})=4\pi\ \cdots ①$$

한편 $C: C(t)=(\cos t, \sin t, 0)\ \ t\in[0,2\pi]$이므로

$$\oint_C F\cdot dP=\int_0^{2\pi}(\cos^3 t, 4\sin t, 0)\cdot(-\sin t, \cos t, 0)\,dt$$

$$=\int_0^{2\pi}(-\cos^3 t\sin t+4\cos^2 t)\,dt$$ **(계산은 연습으로 남긴다.)**

$$=\left[2t+\sin 2t-\frac{\cos^4 t}{4}\right]_0^{2\pi}=4\pi\ \cdots ②$$

이제 단원을 마무리하기 위하여 스토크스 정리를 증명하기로 하자. 다음 [도움 정리]를 이용하여 증명하기로 한다.

32) $S:\ f(x,y,z)=x^2+y^2+z^2-1=0$로 쓰면 $n=\frac{\nabla f}{\|\nabla f\|}$로 계산할 수 있다.

도움 정리

$$\iint_S P\,dy\,dz + Q\,dz\,dx + R\,dx\,dy = \iint_{D_{xy}} (-P z_x - Q z_y + R)\,dx\,dy$$

증명 $F = (P, Q, R)$ 에 대하여 (좌변)$= \iint_S F\cdot n\,dS$ 를 나타내는 형식이므로, 곡면 $S = \{(x,y,z) : z = f(x,y),\ (x,y)\in D\}$에 대하여 양의 향을 갖는 경계 C 를 생각하면 **상향** 법벡터 $n = \dfrac{1}{\sqrt{z_x^2 + z_y^2 + 1^2}}(-z_x, -z_y, 1)$, 한편 곡면의 넓이소는 앞에서

$$dS = \|N\|\,dx\,dy = \sqrt{z_x^2 + z_y^2 + 1^2}\,dx\,dy$$

(스토크스 정리의 증명) 곡면 $S: z = f(x,y),\ (x,y)\in D_{xy}$ 형태로 주어질 때 영역 D_{xy}의 경계곡선 C_{xy} 로 쓰면

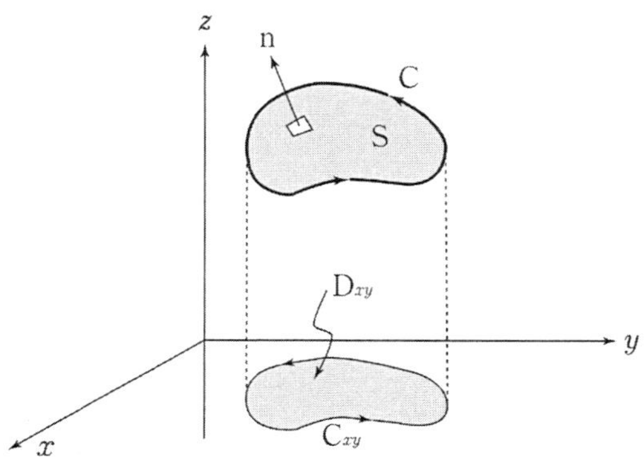

$$\oint_C P(x,y,z)\,dx = \int_{C_{xy}} P(x,y,f(x,y))\,dx = \iint_{D_{xy}}\left(-\frac{\partial}{\partial y}P + \frac{\partial}{\partial x}0\right)dx\,dy$$

[그린 정리]에 따라

$$= -\iint_{D_{xy}}\left(\frac{\partial P}{\partial y} + \frac{\partial P}{\partial z}\frac{\partial z}{\partial y}\right)dx\,dy$$

[도움 정리] (우변)에서 $P = 0,\ R = -P_y,\ Q = P_z$인 경우이므로,

$$= \iint_S P_z\,dz\,dx - P_y\,dx\,dy \quad \cdots (1)$$

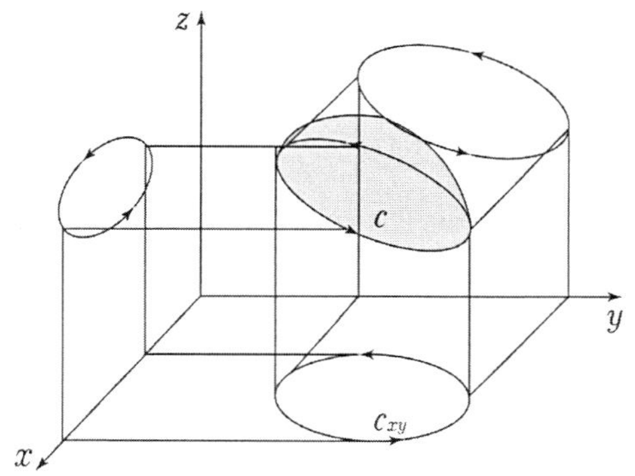

마찬가지로 Q, R에 대하여, 그림 참조하여 앞 계산을 모방하면(계산 생략)

$$\oint_C Q(x,y,z)\,dx = \iint_S Q_x\,dx\,dy - Q_z\,dy\,dz \quad \cdots (2)$$

$$\oint_C R(x,y,z)\,dz = \iint_S R_y\,dy\,dz - R_x\,dz\,dx \quad \cdots (3)$$

합하면, 결과를 얻는다.

7. 발산 정리 Divergence theorem

$\nabla \cdot F \approx$ (유량의 **발산 변화율**)[33]

벡터장의 곡면 적분에 대한 정리는 두 가지가 있다. **스토크스 정리** Stokes 와 **발산정리** Divergence theorem이다. 닫힌 영역의 경계면을 통과하는 유량 a flux 의 계산에 유용한 정리이다.[34]

발산정리는 공간 R^3의 닫힌 영역과 그 경계면이 닫힌 곡면 S 와 그 외향 outward 단위 법벡터 n 에 대하여 진술된다. 특히, 곡면상의 벡터장의 적분은 성분 표현으로 나타내므로 표기법의 뜻에 유의하기로 하자.

33) 유체의 (속도)벡터장 F 에 대하여 $\nabla \cdot F(P) \approx$ (유량의 **발산 변화율**)을 나타내는 **물리량 (참고 도서 참조)**. 따라서 $\nabla \cdot F = div\ F$로 쓰기도 한다.

34) 발산정리는 1830년경 독일의 위대한 수학자 가우스 Gauss가 **입체각 벡터장**(연습문제 참조)에 대하여 사용한 것이다. 그래서 발산정리를 **가우스 정리**라고도 한다.

공간영역 V의 경계곡면은 조각으로 미분 가능한 **닫힌 곡면** S 와 S의 **외향** outward 단위 법벡터를 n 이라 할 때, 일급 벡터장 $F = Pi + Qj + Rk$ 에 대하여 다음 정리가 성립한다. 흐름을 놓치지 않기 위하여 **증명은 단원의 마무리에서 하기로 한다.**

정리 발산 정리 Divergence theorem

$$\int\int\int_V \nabla \cdot F\, dV = \int\int_S F \cdot n\, dS \cdots ①$$

앞에서 [**스토크스 정리 성분 표현**]에서 나타났듯이

$$k \cdot n\, dS = dx\ dy$$
$$j \cdot n\, dS = dz\ dx$$
$$i \cdot n\, dS = dy\ dz$$

이므로, (우변)의 $\int\int_S F \cdot n\, dS$는 $\int\int_S P\ dydz + Q\,dzdx + R\ dydx$ 형태로 나타낼 수 있음을 알았다. (좌변)의 기호 $\Delta \cdot F = \left(\frac{\partial}{\partial x}, \frac{\partial}{\partial y}, \frac{\partial}{\partial z}\right) \cdot (P, Q, R) = \frac{\partial P}{\partial x} + \frac{\partial Q}{\partial y} + \frac{\partial R}{\partial z}$. 따라서 발산정리를 성분으로 나타내면 다음 형태이다.

정리 발산 정리: 성분 표현

$$\int\int\int_V \left(\frac{\partial P}{\partial x} + \frac{\partial Q}{\partial y} + \frac{\partial R}{\partial z}\right) dV = \int\int_S P\ dydz + Q\,dzdx + R\ dydx$$

예 제

벡터장 $F = zk$와 영역 $V = \{a \le x \le b, c \le y \le d, e \le z \le f\}$에 대하여 **발산정리를 확인하자.**

풀이 $\nabla \cdot F = 1$이므로

$$\int\int\int_V \nabla \cdot F\ dV = \iiint_V 1 = (b-a)(d-c)(f-e) \cdots ①$$

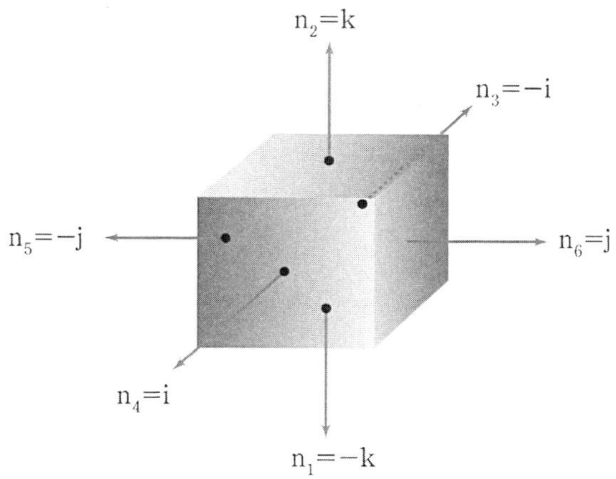

한편 각 면의 **바깥방향** 단위 수직벡터 n에 대하여 $ABCD$면과 $EFGH$면을 제외한 다른 면상에서는 $F \perp n$, 즉 $F \cdot n = 0$이므로

$$\iint_S F \cdot n \, dS = \iint_{ABCD} + \iint_{EFGH}$$

$ABCD$ 면 상에서 $F = e\,k,\ n = -k$이므로 $F \cdot n = e\,k \cdot (-k) = -e,$

$EFGH$ 면 상에서 $F = f\ k,\ n = +k$이므로 $F \cdot n = f\,k \cdot k = f$

$$= (-e)\iint_{ABCD} dS + (f)\iint_{EFGH} dS$$

$$= -e(b-a)(d-c) + f(b-a)(d-c) = (b-a)(d-c)(f-e) \ \cdots ②$$

이제 단원을 마무리하기 위하여 발산정리를 증명하기로 한다. 또, 발산정리를 이용하여 $\nabla \cdot F$이 발산이라 정의하게 된 수학적 배경을 해설하기로 한다.

[발산정리의 증명] 발산정리는 간단하게 다음과 같이 **(표준)영역**에 대하여 증명하기로 하자.

V의 경계는 닫힌곡면 S로, 우선 xy 평면으로의 사영 D_{xy}에 대하여 위쪽은 $S_2 : z = f_2(x, y)$ 아래쪽은 $S_1 : z = f_1(x, y)$

$$\iiint_V \frac{\partial R}{\partial z} dV = \iint_{D_{xy}} \int_{z=f_1(x,y)}^{z=f_2(x,y)} \frac{\partial R}{\partial z} \, dz \ dA_{xy}$$

$$= \iint_{D_{xy}} [R(x, y, f_2) - R(x, y, f_1)] \ dy\,dx$$

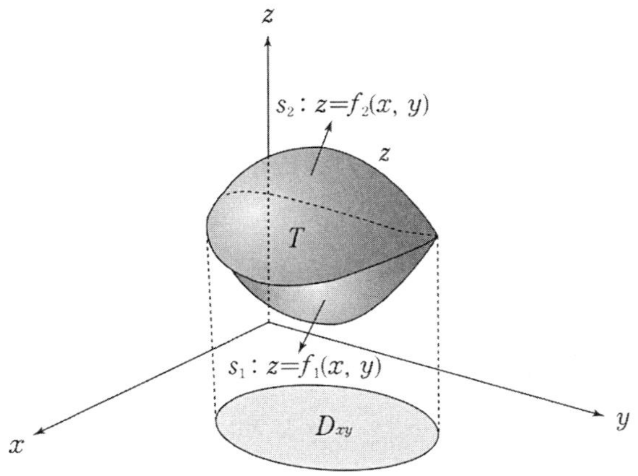

단, 여기서 편의상 기호 $dA_{xy} = dx\,dy$ 로 $xy-$정사영 영역 D_{xy}의 넓이소를 나타내는 기호이다.

위쪽 곡면 S_2에서는 **외향**단위법선벡터 n_2는 **상향**벡터($z-$축 단위벡터 k와 예각 α_2). 한편, 아래 곡면 S_1에서는 **외향**단위법선벡터 n_1 은 **하향**벡터(따라서 $z-$축 단위벡터 k와 둔각 α_1). 따라서 곡면 넓이소의 정사영을 생각하면,

$$dy\,dx = \cos\alpha_2\; dS_2 = \; k \cdot n_2\; dS_2$$
$$dy\,dx = -\cos\alpha_1 dS_1 = -\,k \cdot n_1\, dS_1$$

즉,

$$\iiint_V \frac{\partial R}{\partial z}\,dV = \iint_{S_2} R(k \cdot n_2)\,dS_2 + \iint_{S_1} R(k \cdot n_1)dS_1$$
$$= \iint_S R(k \cdot n\;\, dS)\;\; \cdots ①$$

곡면 S를 각각 xz, yz 평면으로 정사영한 것을 각각 D_{xz}, D_{yz}로 쓰면, 같은 방법으로 다음을 얻는다.35)

이를테면, 영역 $V = \{g_1(x,z) \le y \le g_2(x,z),\; (x,z) \in D_{xz}\}$로 나타내면,

$$\iiint_V \frac{\partial Q}{\partial y}\,dV = \iint_{D_{xz}} \int_{y=g_1(x,z)}^{y=g_2(x,z)} \frac{\partial Q}{\partial y}\; dy\;\; dA_{xz}$$

---

35) 스토크스 정리 증명(그림 참조).

앞과 같은 계산과정을 하면**(계산 생략)**

$$= \int\int_S Q(j\cdot n\ dS)\ \cdots ②$$

마찬가지로 **(계산 생략)**

$$\int\int\int_V \frac{\partial P}{\partial x}\, dV = \int\int_S P(i\cdot n\ dS)\ \cdots ③$$

①~③ 을 합하면,

$$\int\int\int_V \left(\frac{\partial P}{\partial x}+\frac{\partial Q}{\partial y}+\frac{\partial R}{\partial z}\right)dV = \int\int_S P(i\cdot n\, dS)+Q(j\cdot n dS)+R(k\cdot n dS)$$

$$= \int\int_S (Pi+Qj+Rk)\cdot n\, dS$$

즉,

$$\int\int\int_V \nabla\cdot F\, dV = \int\int_S F\cdot n\ dS$$

연습문제

1. $F=(4y)i+(-4x)j+3k$ 와 곡면 S 는 평면 $z=1$ 상의 단위 원판일 때 스토크스 **정리를 확인**하여라.

(힌트) 곡면 S 상에서 $\nabla\times F=(0,0,-8)$, $n=k$. 한편

곡면 S 의 경계 C 상에서 $F=(4\sin t, -4\cos t, 3)$

2. $F=(x^2+y+2)i+2xyj-(3xyz+z^3)k$, 곡면 $S: x^2+y^2+z^2=9,\ z\ge 0$일 때 $\int\int_S \nabla\times F\cdot n\ dS$ 를 구하라.

해답 -9π

(힌트) $\oint_C F\cdot dP$로 계산하는 것이 쉽다. 단, $C: (3\cos t, 3\sin t),\ 0< t< 2\pi$

3. 다음 이유를 간단히 해설해 보아라.

정리 닫힌 곡면에 대한 스토크스 정리 S가 닫힌 곡면일 때,

$$\iint_S \nabla \times F \cdot n\, dS = 0$$

(힌트) $S = S_1 \cup S_2$ 로 쓰면 $\iint_S = \iint_{S_1} + \iint_{S_2}$, 각각에 정리 적용

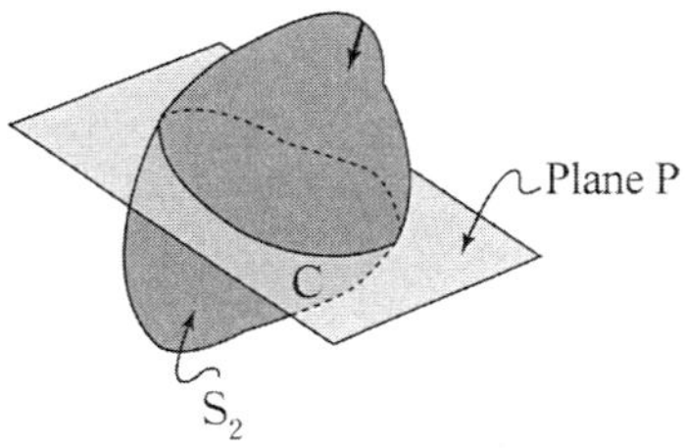

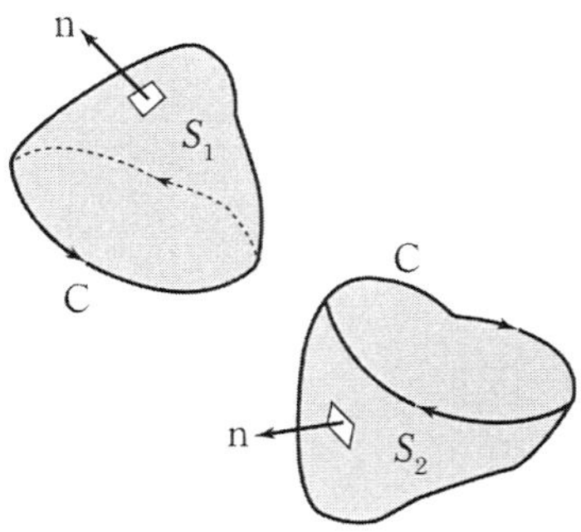

4. 이것을 이용하여 $F = -y^3 i + (x^3 + z) j + z^3 k$, $S : x^2 + y^2 + z^2 = 1,\ z \geq 0$일 때 $\iint_S \nabla \times F \cdot n\, dS$를 구하라.

해답 $\frac{3}{2}\pi$

(힌트) 밑에 원판 D을 붙인 곡면 $S' = S \cup D$은 닫힌 곡면.

$$\iint_S = -\iint_D \text{이고, } D\text{상에서의 } n = -k$$

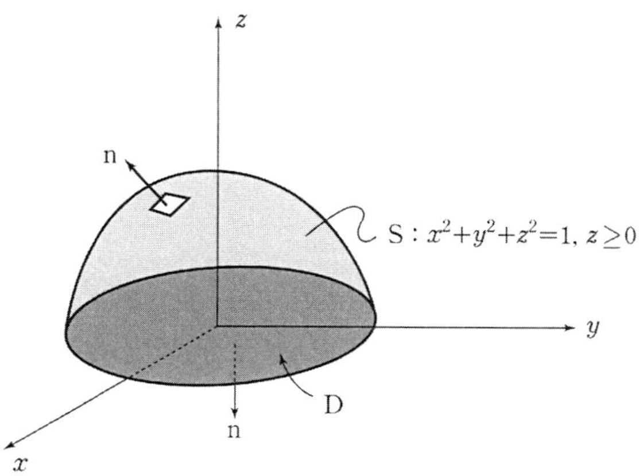

5. $\nabla \times F = \overrightarrow{O}$인 벡터장 F를 비회전장 irrotational(field)이라 한다. 비회전장에 대해서는 다음과 같음을 보여라.

정리 비회전장

$\nabla \times F = \overrightarrow{O}$ 일 때, 닫힌 곡선 C에 대하여

$$\oint_C F \cdot dP = 0$$

6. 벡터장 $F = \dfrac{\vec{r}}{r^3}$의 중심이 원점인 반지름이 ϵ인 구면 ∂B_ϵ상의 유량을 구하라.[36) 37)]

(풀이) $\displaystyle \iint_{\partial B_\epsilon} \frac{\vec{r}}{\epsilon^3} \cdot \left(\frac{\vec{r}}{\epsilon}\right) dS = \iint_{\partial B_\epsilon} \frac{1}{\epsilon^2}\, dS = 4\pi$

7. S가 닫힌곡면이고, 그 안의 영역 D의 부피를 V라 할 때 다음을 보여라.

$$V = \iint_S x\, dy\, dz = \iint_S y\, dz\, dx = \iint_S z\, dx\, dy$$

(힌트) $\displaystyle \iint_S x\, dy\, dz = \iint_S x(i \cdot n)\, dS,\ F = xi + 0j + 0k$

8. **(다중연결 영역 상의 비압축장)** $\nabla \cdot F = 0$인 벡터장 F을 비압축장이라 한다. 아래 그림과 같은 다중연결 영역 상의 비압축장 F에 대한 발산정리로부터 다음을 간단히 해설하여라.

(힌트) 다중연결 영역에 대한 [그린 정리 해설]

$$\iint_{S_1} F \cdot n_1\, dS = \iint_{S_2} F \cdot n_2\, dS$$

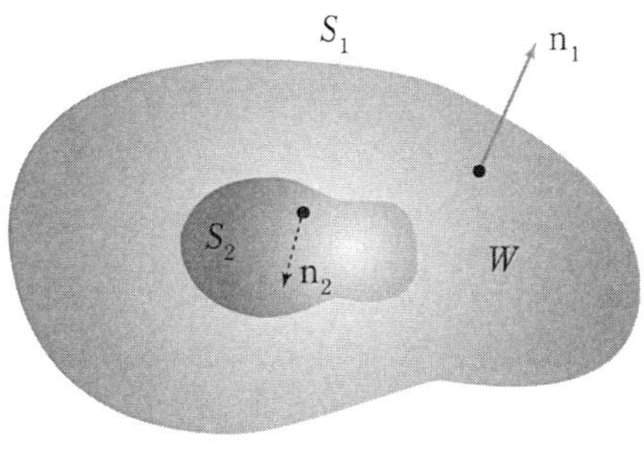

36) $F = \dfrac{\vec{r}}{r^3} = \dfrac{1}{(x^2+y^2+z^2)^{\frac{3}{2}}}(x, y, z)$을 **입체각 벡터장**이라 부른다. 선적분 단원의 **각원소 벡터장**을 참조하자.

37) 여기서의 기호 ∂는 영역의 경계 boundary를 나타낸다.

9. 모서리의 길이가 모두 1이고, 중심이 원점인 정육면체에 대하여 **입체각 벡터장** $F=\dfrac{\vec{r}}{r^3}$ 이 빠져나가는 양을 구하자.

해답 4π

(힌트) 주어진 정육면체를 R이라 하면, 유량은 $\int\int_{\partial R} F\cdot n\, dS$. 이제 B_ϵ를 원점을 중심으로 하는 충분히 작은[38] 구(球)라고 하면 $R-B_\epsilon$에서 다중연결 영역상 발산 정리에 따라 $-\int\int_{\partial B_\epsilon} F\cdot n\, dS$로 계산하는 것이 쉽다.

10. 곡면 S: $x=2u+v,\ y=u+2v,\ z=2-v$ (단, $u, v\in[0,1]$)일 때

$$\iint_S x\, dydz + y\ dz\,dx + z\ dx\,dy$$

을 벡터 표현으로 나타내어 그 값을 구하여라.

해답 6

(힌트) 유량 flux 형식이므로 (계산)은 $\iint F\cdot N\ du\ dv$

38) 주어진 영역 R에 포함될 정도로 충분히 작다는 뜻이다.

참고문헌

• 수학

김홍종(1999), **미적분학**, 서울대학교 출판부.

고려대학교 이과대학 수학과 교수실(1990), 미적분학과 행렬, 고려대 출판부.

김순자 외 13인 공역(2007), *Kreyszig* 공업수학, 범한서적.

김강태, 김성옥(2004), 우리 아이들을 위한 미분적분학(I), 교우사.

석용징(2017), **미분방정식**, 경문사.

석용징(2017), **행렬과 대수**, 경문사.

오카베 츠네하루(김병학)(2000), 그림으로 이해하는 미분과 적분, 경문사.

G.Simmons, S.Krantz, Differential Equations, MacGraw－Hill, NY, 2007.

G.Musser W.Burger, Mathematics for Elementary Teachers, Macmillan, NY, 1988.

J.Marsden A.Tromba, Vector Calculus(5th ed.), Freeman, NY, 2003.

Mori Tsuyoshi(2006), 解析の 流れ, 日本評論社.

• 물리

안세희(1993), 물리학의 현대적 이해, 청문각.

Ken kazuishi(김제완 감역)(2002), 물리수학 (수학에 대한 새로운 느낌의 시작), 성안당.

Barger V. Olsson M.(1995), Classical mechanics－a modern perspective, MaGraw－Hill.

Halliday, Resnik, Walker(고려대외 6개대 물리학과) (2001), 일반물리학(개정6판), 범한서적.

부록 : 행렬 Matrices

미적분의 벡터 계산에 이용을 하기 위하여 간단히 소개하기로 한다. 자세한 해설은 선형대수나 행렬론 교재를 참조하기로 한다. 일반적으로 다음과 같은 형태를 **행렬** matrix이라 한다.

$$A = \begin{pmatrix} a_{11} & a_{12} & a_{j1} & a_{1n} \\ a_{21} & a_{22} & & a_{2n} \\ \cdots & & & \\ a_{i1} & & a_{ij} & a_{in} \\ \cdots & & & \\ a_{m1} & a_{m2} & a_{mj} & a_{mn} \end{pmatrix}$$

간단히 $A = (a_{ij})$로 쓴다. a_{ij}는 $i-$행, $j-$열이 만나는 자리의 **항** entry으로 행렬의 일반항을 나타낸다.

행렬의 **크기** size는 $m \times n$이고, 특히, $m \times 1$형태 행렬은 **열벡터** column vector, $1 \times n$ 형태 행렬은 **행벡터** row vector라 한다.

모든 항 $a_{ij} = 0$ 인 행렬을 **영행렬** O−matrix 이라 하며, 기호로 $A = O$ 로 나타낸다.

$A^T = (a_{ji})$ 는 행렬 A의 **전치행렬** transpose matrix 을 나타낸다. 이를테면, 열벡터의 전치는 행벡터가 되고, 행벡터의 전치는 열벡터의 형태가 된다.

크기가 $n \times n$인 행렬을 **정사각행렬** square matrix 이라 한다.

특히 $a_{ij} = \begin{cases} 1 & , i = j \\ 0 & , i \neq j \end{cases}$ 인 행렬을 **단위행렬** Identity matrix이라 하고, I_n이라 나타낸다.

또, $a_{ij} = a_{ji}$인 행렬을 **대칭행렬** symmetric matrix이라 한다. **주대각선** main diagonal에 대하여 항들이 대칭되게 나타난다.

행렬식 Determinant

정사각행렬 A의 행렬식은 기호로 $|A|$, 또는 $det\ (A)$ 로 쓴다. 정사각행렬의 행렬식 계산은 **각 행(또는 열)을 기준으로 전개**하는데, **소행렬** minor matrix 들의 행렬식 계산으로 바뀌게 된다. 이를테면, 3×3 행렬의 행렬식 전개를 첫 행을 기준으로 전개하면 다음과 같이 2×2 소행렬식들의 곱으로 나타난다.

$$\begin{vmatrix} a_{11} & a_{12} & a_{13} \\ a_{21} & a_{22} & a_{23} \\ a_{31} & a_{32} & a_{33} \end{vmatrix} = (-1)^{1+1} a_{11} \begin{vmatrix} a_{22} & a_{23} \\ a_{32} & a_{33} \end{vmatrix} + (-1)^{1+2} a_{12} \begin{vmatrix} a_{21} & a_{23} \\ a_{31} & a_{33} \end{vmatrix} + (-1)^{1+3} a_{13} \begin{vmatrix} a_{21} & a_{22} \\ a_{31} & a_{32} \end{vmatrix}$$

첫 행의 각 항에 그 항을 포함하는 행과 열을 제외한 소행렬식을 곱하고, 부호를 붙인 것이다. 정리하면,

$$\begin{vmatrix} a_{11} & a_{12} & a_{13} \\ a_{21} & a_{22} & a_{23} \\ a_{31} & a_{32} & a_{33} \end{vmatrix} = a_{11}a_{22}a_{33} + a_{12}a_{23}a_{31} + a_{13}a_{21}a_{32} - a_{13}a_{22}a_{31} - a_{12}a_{21}a_{33} - a_{11}a_{23}a_{32}$$

이것을 그림의 화살표 표시처럼 차례로 세 개씩 곱한 것을 더하고, 역방향으로 세 개씩 곱한 것을 빼는 것으로 기억하면 편리하다. 이것을 **사러스 방법** Sarrus 이라 한다.

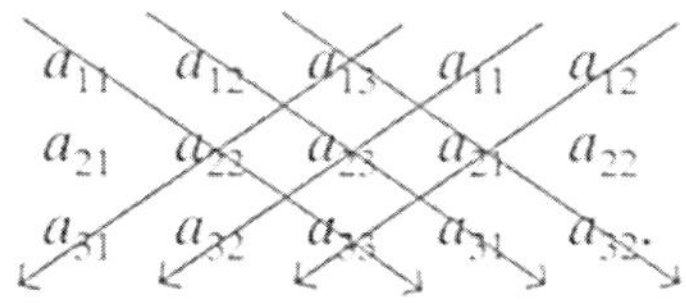

행렬식 정의를 생각하면, 각 행(또는 열)을 기준으로 전개하여도 같다. 행렬식의 행 전개 또는 열 전개를 **라플라스** Laplace **전개**라 한다. 실제로, 행렬식의 정의로부터 행렬식에 대한 다음 기본 성질을 알 수 있다.

(행렬식 성질)

(D1) 어떤 행에 상수 배를 하여 다른 행에 더하여 얻어진 행렬식은 변하지 않는다.

(D2) 어떤 두 행이 상수 배의 관계인 행렬식은 0. 특히 두 행이 같은 행렬식은 0

(D3) 인접한 두 행을 바꾸면 행렬식 부호가 바뀐다.

특히 조작(D1) 을 이용하면, 행렬식의 계산을 쉽게 할 수 있다.

행렬 곱

$A=(a_{ij})$는 $m \times n$ 행렬, $B=(b_{ij})$는 $n \times s$ 행렬의 곱

$$AB=(c_{ij})$$

로 $ij-$성분

$$c_{ij}=(a_{i1}, a_{i2}, \cdots, a_{in}) \cdot (b_{1j}, b_{2j}, \cdots, b_{nj})$$

즉, A 의 i행($i^{th}-row$)과 B의 j열 ($j^{th}\ column$) 의 전치 traspose의 내적

$$c_{ij} = \sum_{k=1}^{n} a_{ik} b_{kj}$$

이다. 이를테면, 연립방정식

$$\begin{pmatrix} a_{11}x + a_{12}y + a_{13}z = 0 \\ a_{21}x + a_{22}y + a_{23}z = 0 \\ a_{31}x + a_{32}y + a_{33}z = 0 \end{pmatrix}$$

을 행렬곱으로 $AX = O$ 로 간단히 나타낼 수 있다. 여기서 $A = \begin{pmatrix} a_{11} & a_{12} & a_{13} \\ a_{21} & a_{22} & a_{23} \\ a_{31} & a_{32} & a_{33} \end{pmatrix}$, $X = \begin{pmatrix} x \\ y \\ z \end{pmatrix}$

그리고 $O = \begin{pmatrix} 0 \\ 0 \\ 0 \end{pmatrix}$ 이다.

미지수 벡터X는 열벡터로 3×1 행렬로 볼 수 있다. A는 **계수 행렬** coefficient matrix 이라 한다.

우측이 O 벡터일 때의 일차 연립방정식을 **동차** homogeneous 연립방정식 system 이라 한다. 그런데 동차 (일차)연립방정식 $AX = O$ 은 항상 $X = O$을 해로 가짐을 알 수 있다. 이것을 **자명 해** a trivial solution(또는 ~~무용근~~)라 한다.

따라서 동차 (일차)연립방정식은 **비자명 non－trivial 해** $X \neq O$ 의 존재성에 관심을 가진다. 그 조건은 계수 행렬 A가 **역행렬** inverse matrix (기호로 A^{-1})을 갖지 않는 것이다. 그렇지 않다면,

$$A^{-1}(AX) = A^{-1}O = O, \text{ 즉 } X = O$$

로 자명한 해 만을 갖게 되기 때문이다. 그런데 역행렬을 갖지 않을(비정칙 singular) 조건은 그 행렬식 $|A| = 0$일 때이다. 왜냐하면, 역행렬 A^{-1}은

역행렬

$$A^{-1} = \frac{1}{|A|}(adj\ A)^T$$

로 나타나기 때문이다. 여기서 다음 수반 행렬에 대한 정의가 필요하다.

정 의

(수반 행렬) A의 **수반 행렬** adjoint matrix 은 $adj\ A$ 로 나타내고

$$adj\ A = (c_{ij}),\ c_{ij} = (-1)^{i+j} a_{ij} |M_{ij}|$$

여기서, M_{ij}는 행렬 A의 항 a_{ij}를 품는 행과 열을 제외하여 만든 A의 **소행렬** Minority matrices이다. 또, $c_{ij} = (-1)^{i+j} a_{ij} |M_{ij}|$를 **여인자** co-factor라 한다.

따라서 역행렬은 주어진 행렬의 소행렬식 $|M_{ij}|$에 대한 여인자$(-1)^{i+j} a_{ij} |M_{ij}|$를 각 항으로 하는 수반행렬의 전치행렬 $(adj A)^T$에 행렬식의 역수 $\frac{1}{|A|}$를 각 항에 곱한 것이다.

찾아보기

ㅇ

ㅈ

ㅋ

ㅍ

ㅎ

L

지은이 석용징

서울대학교 사범대학 수학교육과
서울대학교 대학원 수학과(Ph. D.)
강원대학교 사범대학 수학교육과 교수

미분적분학 Ⅱ

초판발행 2017년 07월 05일
지은이 석용징 / **펴낸이** 오판근
펴낸곳 (주) 교 우
주 소 서울시 동대문구 약령시로 8 교우빌딩 2층 (주)교우
전 화 02-925-2861 / **팩 스** 02-925-2860. **편집부** 02-925-2825
홈페이지&북스토어 www.kyowoo.co.kr / **이메일** kyowoo@kyowoo.co.kr
등 록 1994년 3월 24일 제1994-000013호
ISBN 979-11-251-0207-6 (94410) / 979-11-251-0206-9 (세트)

Published by Kyowoo Co., Ltd. Printed in Korea

(주) 교우는 보다 혁신적이고 참신한 도서를 다양하게 기획하고 있습니다.
책으로 펴내고자 하는 아이디어나 원고는 메일로 보내주세요.
(주) 교우는 전과정을 책임지고 최선을 다하겠습니다.

값 13,000원

교우미디어는 (주) 교우의 Imprint 사입니다.
수학정원·과학정원은 (주) 교우의 새로운 브랜드명입니다.

잘못된 책은 구입하신 서점에서 교환해 드립니다.